深圳附建式变电站设计
案例汇编

主编　符国晖　周　军

哈尔滨工业大学出版社
HARBIN INSTITUTE OF TECHNOLOGY PRESS

内 容 简 介

本书通过对深圳市近年来多座附建式变电站建设项目的实际案例进行归纳总结，提炼出附建式变电站的建设和设计经验。本书介绍了附建式变电站的分类，各种类型附建式变电站的总平面布置，以及电气、建筑、结构、暖通、消防、节能环保等设计方案，并附有大量的工程实例设计图，提出了各类附建式变电站与城市开发项目联合建设的技术要点。

本书可供附建式变电站设计、工程建设、咨询、管理及施工方向的相关专业人员参考。

图书在版编目(CIP)数据

深圳附建式变电站设计案例汇编 / 符国晖，周军主编. —哈尔滨：哈尔滨工业大学出版社，2021.11
  ISBN 978-7-5603-9828-0

I. ①深… Ⅱ. ①符… ②周… Ⅲ.①变电所-设计-案例-汇编-深圳 Ⅳ.①TM63

中国版本图书馆CIP数据核字(2021)第226201号

深圳附建式变电站设计案例汇编
Shenzhen Fujianshi Biandianzhan Sheji Anli Huibian

策 划 编 辑	王桂芝
责 任 编 辑	陈雪巍
装 帧 设 计	屈 佳
出 版 发 行	哈尔滨工业大学出版社
社 址	哈尔滨市南岗区复华四道街10号 邮编150006
传 真	0451-86414749
网 址	http://hitpress. hit. edu. cn
印 刷	哈尔滨市石桥印务有限公司
开 本	787 mm×1 092 mm 1/16 印张11.75 字数230千字
版 次	2021年11月第1版 2021年11月第1次印刷
书 号	ISBN 978-7-5603-9828-0
定 价	98.00元

编 审 委 员 会

序　言

过去的40年时间里，深圳在不到2 000 km²的土地上创造了现代城市建设与发展的奇迹，但也比其他城市更早遇到土地资源紧约束的问题。多年高强度的土地开发和利用使得深圳市可供建设的土地所剩无几，土地资源紧缺成为制约城市进一步发展的瓶颈。面对这个难题，深圳市在存量土地方向上深化研究，探索出一条土地资源节约、集约利用的有效路径，并通过土地二次开发及利用提升了城市品质。

与经济社会发展相适应，深圳电网规模也经历了飞速的发展扩张，如今深圳电网主变压器容量达8 998万kV·A，相较建市之初的1.5万kV·A，增加了近6 000倍；110 kV以上变电站由1座增加到268座；110 kV以上输电线路从40年前的28.6 km增长到5 203 km；从全社会用电量为0.33亿kW·h、最高负荷为5 000 kW的小电网，发展成全社会用电量突破1 000亿kW·h、最高负荷达1 918万kW的特大型城市电网，仅最大日供电量就达3.81亿kW·h，比1979～1982年整整4年用电量的总和还多，相当于"一日四年"。随着深圳土地集约利用和城市更新的深入推进，远景预测负荷超过3 350万kW，未来还需新建变电站186座，变电站布点将越发密集，布点难度日益增大。为解决这一问题，深圳供电局有限公司自20世纪90年代起开始采用户内GIS建设模式新建变电站，并积极采用小型化集成式设备；同期开始积极组织并参与对附建式变电站设计技术的研究和探索工作，探求城市变电站建设的新思路、新方向、新模式，推动变电站建设走集约化发展的道路。

　　附建式变电站建设模式突破了变电站必须独立占地的传统理论，是城市基础设施与城市开发项目集约融合的重大创新，既为城市中心区域新增变电站选址困难带来了全新的解决方案，也是城市空间更集约化、合理化利用的重要组成部分和积极实践。附建式变电站作为一种新型变电站的建设模式，能有效地解决土地供应、经济增长、变电站用地三者之间的矛盾，因此附建式变电站具有相当显著的社会效益及经济效益，值得在土地资源匮乏的大城市中借鉴和推广。

　　然而，任何新生事物的成长都不会一帆风顺，附建式变电站的推广同样会遇到各种困难，诸如有关各方的支持力度和电气设备技术发展水平等，都直接影响着附建式变电站的发展。特别是采用新技术、新工艺的电气设备，其成熟速度决定了未来几年附建式变电站发展的趋势。鉴于目前国产电气设备的技术要求，附建式变电站主要用于220/20 kV及110/10 kV变电站。同时要求变电站设计需进一步加强对变电站安全、环保方面的保障措施，优化变电站与合建建筑两者在总体布局上的协调配合，使附建式变电站建设模式更加趋于成熟。因此附建式变电站未来的发展还需要经历一个有序而持续改进的过程。

2021年9月

前　言

　　附建式变电站将独立占地的变电站作为一个独立模块组合到其他建筑中，与其他建筑统筹设计、建造。根据工程实践中变电站建筑与其他建筑的位置关系，附建式变电站又划分为嵌入附建式变电站、贴邻附建式变电站、下沉附建式变电站和上盖附建式变电站等主要形式，合建建筑又分为民用建筑（主要是公共建筑）和工业建筑。不同的附建形式对变电站建设形式、工艺布置、外观设计、防火设计、减振降噪设计等均提出了更多新的要求。

　　截至2020年底，深圳供电局有限公司组织设计和投产的附建式变电站有多座，及时总结分析附建式变电站设计建设的实际案例及遇到的问题，提炼不同类型案例的难点和关键技术，为后续开展附建式变电站设计建设提供借鉴和参考资料，非常必要也是亟需的，因此编写本书。

　　本书由深圳供电局有限公司负责统稿和校核，由深圳供电规划设计院有限公司负责编写。本书的编写得到了深圳市政府有关部门的指导和支持。

　　编写过程中，深圳供电局有限公司和深圳供电规划设计院有限公司有关领导和专家对本书内容提出了许多宝贵意见和建议，在此表示最衷心的感谢！对本书编写过程中提供参考资料和帮助的主体建筑开发及设计单位等一并表示感谢！

　　本书编者均为电力建设及设计领域的一线员工，融入了编者实际从业经验和见解，限于编者的水平和经验，书中难免有不当或疏漏之处，恳请专家和读者批评指正。

编　者
2021年10月

目 录 Contents

第1章
附建式变电站应用背景及概述

1.1 附建式变电站应用背景

自电网建设的最早一代变电站投产以来，已有近百年历史。城市变电站传统的建设模式一般为独立建设。独立建设的优势是变电站有独立的占地和围墙，与周边建筑物的防火间距符合相关规定，具有独立的土地产权，方便运行和管理，消防设计简洁明了，满足国家现行相关规范；不足在于建在用电负荷高、用地紧张的城市中心，往往遇到征地难、建设施工受阻、土地得不到充分利用、与周围环境和景观不协调以及存在邻避效应等问题。

近年来城市的快速发展使得城市电网负荷稳步增长，然而不可再生的土地资源日渐紧缺，电力基础设施的用地需求与城市土地、空间资源紧张的矛盾愈发凸显，导致电网新建和扩容改造项目长期面临用地紧张、消防安全、邻避效应等问题而难以落地，传统的变电站独立建设模式已难以适应城市的高速发展。采用附建式变电站，改变传统变电站建设模式，有利于优化城市土地资源空间结构，以节地、安全、多维度空间利用的方式开展城市电力设施基础建设工作，有助于打造城市坚强电网新格局，助力我国新一轮能源革命及城市现代化的高质量发展。

1.2 附建式变电站概述

附建式变电站即将独立占地变电站作为一个独立模块组合到其他建筑中，根据组合形式的不同分为嵌入附建式变电站、贴邻附建式变电站、下沉附建式变电站和上盖附建式变电站等主要形式。

附建式变电站的核心优势在于以下几方面：①无须独立占地，不受城市用地性质及其他条件限制，因此对集约土地利用具有显著优势。②布局灵活，可以多种形式与其他建筑"融为一体"，选点灵活。③提升城市供电安全水平，可深入负荷中心建设，缩短供电半径，提高供电可靠性。④改善变电站景观，提升与周围景观环境的协调性。⑤避免邻避效应，确保变电站建设顺利进行。

1.3 附建式变电站在深圳电网中的应用

1.3.1 深圳市概况

深圳市地处广东省南部，西连珠江口，南与我国香港地区新界接壤，北靠东莞、惠州两市，是粤港澳大湾区四大中心城市之一、国家物流枢纽、国际性综合交通枢纽、国际科技产业创新中心、全国三大金融中心之一。深圳水陆空铁口岸俱全，是全国拥有口岸数量最多、出入境人员最多、车流量最大的口岸城市。全市土地总面积为1 997.47 km²，其中建成区面积为927.396 km²，辽阔的海域连接南海及太平洋，海岸线长261 km。2020年底全市常住人口为1 756万人。深圳与北上广同为国内四大一线城市，但其地域面积仅相当于北京的1/8，上海、广州的1/3。扣除山体等生态控制区域，深圳目前可供开发的土地空间已基本趋于饱和。对于深圳而言，如何利用最少的土地资源保障电力供给，成为破解深圳电网困局的重要课题。

1.3.2 深圳电网概况

深圳电网既有500 kV和220 kV线路与广东省电网相连，又有400 kV和132 kV线路与香港地区电网相连。截至2020年底，深圳电网共有110 kV及以上变电站268座（不含蛇口变电站、用户变电站，下同），主变压器总容量为89 985.5 MV·A。其中，500 kV变电站7座，主变压器总容量为23 250 MV·A；220 kV变电站58座，主变压器总容量为34 415 MV·A；110 kV变电站203座，主变压器总容量为32 320.5 MV·A。

深圳电网整体呈现负荷密度高、供电可靠性高、电能质量要求高、土地资源受限的"三高一限"的特点。深圳市建设用地负荷密度为17 MW/km²，超过北上广（但仍远低于香港的36.8 MW/km²）；2020年深圳客户平均停电时间为0.5 h（30 min），达到世界一流水平，聚集了一批类似华为、中芯国际等对电能质量要求高的知名企业。截至2020年底，深圳市全社会用电量、全社会用电最高负荷分别为983.3亿kW·h、19 180 MW，比上年分别增长1.1%、0.2%。2020年深圳电网供电量、供电最高负荷分别为944.8亿kW·h、19 136 MW，比上年分别增长0.7%、0.2%，三次产业和居民用电比重为0.1∶52.8∶32.3∶14.9。

1.3.3 深圳电网远景规模

深圳在落实国家"碳达峰、碳中和"战略以及建设中国特色社会主义先行示范区和粤港澳大湾区的"双区"的背景下，承接落实深圳市政府建设先行示范区126条行动计划，保障5G基站、轨道交通、充电设施、数据中心等新型基础设施建设，电子信息、新能源汽车、机器人、人工智能、物联网、大数据、云计算、智慧城市等新一代信息技术和数字经济将是深圳电力需求的重要驱动因素。根据深圳"十四五"智能电网规划成果，深圳市2025年、2030年、2035年全社会用电量将分别达到1 220亿kW·h、1 355亿kW·h、1 440亿kW·h，"十四五""十五五""十六五"全社会用电量的增长率分别为4.4%、2.1%、1.2%；深圳市2025年、2030年、2035年全社会用电负荷将分别达到2 570万kW、2 900万kW、3 100万kW；"十四五""十五五""十六五"全社会用电负荷年均增长率分别为6.0%、2.4%、1.3%；至远景年，预计全社会用电量及最高负荷分别达到1 847亿kW·h、3 650万kW。根据远景电网规划，深圳电网未来仍需新建各电压等级变电站共186座，预估总占地约95.2 hm²。

1.3.4　深圳电网附建式变电站应用情况

截至2020年底，深圳地区设计和投产的附建式变电站共有8座，分别为110 kV投控变电站、220 kV航海变电站、220 kV桂湾三变电站、110 kV梅园变电站、110 kV九风变电站、110 kV宝民变电站、110 kV高新公园变电站和110 kV珠宝变电站。其中110 kV投控变电站已于2015年投产，其他项目正在建设或设计中。

以深圳电网为例，未来计划新建186座变电站，按平均每座变电站占地面积为0.4万m²计算，如全部采用附建式变电站建设模式可节约土地面积约74.4万m²；设想原有的独立占地的233座变电站，平均每座变电站按占地面积为0.5万m²计算，若未来结合城市发展将其全部改造为附建式变电站，则可释放土地面积116.5万m²，会带来非常巨大的经济效益。

1.4　附建式变电站类型

将变电站按终期规模优化整合为集约化、数字化、智能化的模块，与其他功能的建筑组合成为一个整体建筑，实现一体化设计、一体化建造，称为附建式变电站。

附建式变电站分为嵌入附建式变电站、贴邻附建式变电站、下沉附建式变电站和上盖附建式变电站。

1.4.1　嵌入式附建变电站

嵌入附建式变电站是将变电站全部或部分（如图1.1所示，$L<0$，L为变电站与其他建筑的间距）嵌入所组合建设的建筑主体投影下方或裙房中，变电站一侧或多侧以及变电站上部空间均与合建建筑主体相连，共用防火墙的布置形式。变电站建筑与所组合的建筑统筹设计、同步施工。

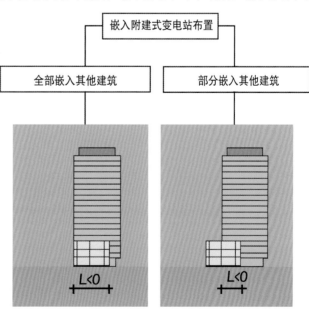

图 1.1　嵌入附建式变电站与其他建筑关系示意图

1.4.2 贴邻附建式变电站

贴邻附建式变电站是指变电站建筑与其他建筑（高度大于100 m且小于250 m的建筑）贴邻建造或相邻建造，二者之间的间距小于现行国家标准《建筑设计防火规范》（GB 50016—2014）规定的最小防火间距，其上方无其他建筑（如图1.2所示，$0 \leq L < 4$ m）。

这种布置方式并不是严格意义上的附建，实际上变电站与所附建建筑仍是两个独立的单体，变电站一侧或多侧与所附建建筑共用或分别设防火分隔墙；变电站土建可以与所组合建筑统一设计、施工，也可以单独设计、施工，但建筑立面应统一风格。

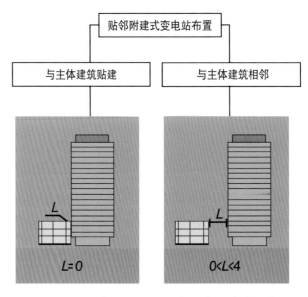

图 1.2 贴邻附建式变电站与其他建筑关系示意图

1.4.3 下沉附建式变电站

下沉附建式变电站是指变电站与公共建筑的地下室贴邻或相邻，与公共建筑共用下沉广场空间，其正上方无其他建筑。与此类电站的安全疏散和设备运输均利用此共用的下沉广场空间，变电站上方布置绿地或停车场。

1.4.4 上盖附建式变电站

上盖附建式变电站是指变电站建筑布置于地面层，其下方为地下公共建筑，变电站正上方无其他建筑。

第2章
嵌入附建式变电站案例

根据现行国家标准《建筑设计防火规范》（GB 50016—2014）和《火力发电厂与变电站设计防火标准》（GB 50229—2019）的有关规定，采用常规设备的变电站的火灾危险性类别为丙类，采用无油化设备的附建式变电站火灾风险则相对较小（低于丙类厂房）。根据"国家应急办关于附建式变电站防火设计问题的复函"，嵌入附建式变电站和下沉附建式变电站可视为合建建筑的附属部分，火灾危险性类别属于丁类，防火设计按丙类工业厂房设计，所有设备房间均应设置自动灭火设施。变电站与合建建筑贴邻面采用不开设门窗洞口的防火墙和耐火极限不低于2.00 h的楼板进行分隔，并按规定设置独立的安全出口和疏散楼梯等。

嵌入附建式变电站按电压等级分为两类，即110 kV变电站和220 kV变电站（限两个电压等级）。

下面分别以110 kV投控变电站、220 kV航海变电站为例，深入解析嵌入式附建变电站设计方案。

2.1 投控变电站[①]

投控变电站终期采用3×63 MV·A主变压器，110 kV出线4回，10 kV出线48回，无功补偿采用3×（2×7 500）kvar风冷SVG（即动态无功补偿装置）。

变电站全部嵌入合建建筑投影下方。

投控变电站是全国首例已建成投产的主变压器上方布置有合建建筑的嵌入附建式变电站。

2.1.1 土建部分

1.合建建筑情况

投控变电站位于深圳市南山区，与深圳湾科技生态园合建。深圳湾科技生态园位于深圳市南山区高新技术产业园区南区，北侧为白石路，西侧为科技南路，东侧为沙河西路，南侧为高新南十道，是深圳湾片区剩余的最大面积的可建设用地，其紧邻前海深港合作区、后海开发中心和大沙河高尔夫球场，周边路网完善，轨道交通便利，连接香港地区及深圳市重要功能区的交通极为便捷，区位条件优越。

深圳湾科技生态园占地面积为20.3万 m^2，总建筑面积超过120万 m^2。项目分4期建设，4期同时开工，18个月内完成20万 m^2 产业用房建设并交付使用，4年全部建成。深圳湾科技生态园定位为"国际文化生态商业中心科技时尚享乐街区MALL"，集展示、体验、社交、科技、商务于一体，成为深圳新潮的高科技/电子产品研发、发布、展示、体验、销售聚集地，是深圳未来电子消费体验的好去处。深圳市南山区高新技术产业园区南区建筑效果图，如图2.1所示。

---

① 案例设计时间：2014年8月。

图 2.1　深圳市南山区高新技术产业园区南区建筑效果图

2.与合建建筑相互关系

深圳湾科技生态园二区9栋C座建筑为框架-核心筒结构,地上建筑24层,地下建筑3层,总高度为99.3 m,地上用于办公,地下为停车及设备房间。

投控变电站附建在9栋C座合建建筑的-5.7 m至+9.3 m(负一层至二层)的空间内,位于建筑物的东北角,紧邻区域内部环形通道,总建筑面积为3 711.1 m²,其中地下一层建筑面积为1 524.1 m²,地上一层建筑面积为1 354 m²,地上二层建筑面积为833 m²。主变压器室及GIS室布置在一层,大门直通室外,连接园区通道,设备运输方便;二次设备间位于二层;电缆层及SVG位于负一层,通过竖井垂直运输设备。投控变电站剖面图如图2.2所示。

3.总平面介绍

变电站四周采用防火墙与其他功能房间分隔,变电站顶部设架空花园与办公房间隔离,满足消防要求。变电站靠近白石路及沙河西路,设备运输便捷,电缆出线方便。

变电站不设围墙、大门,化粪池由园区整体统一规划布置。投控变电站总体平面图如图2.3所示。

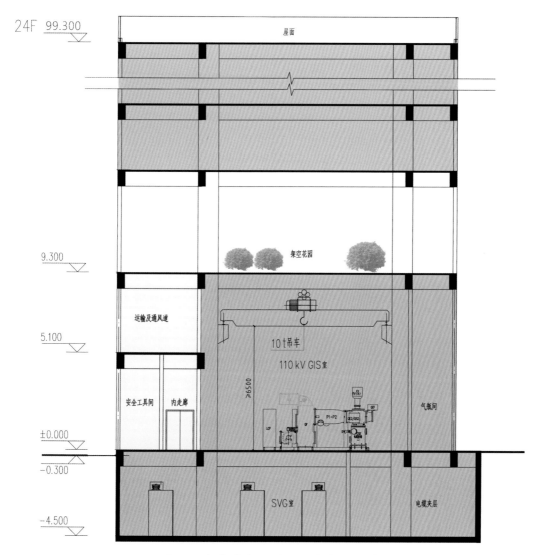

图 2.2 投控变电站剖面图（单位：m）

（1）竖向布置方式和建筑物室内外设计标高的确定。

站区排洪措施由深圳湾科技生态园二区总体设计单位进行设计，变电站入口处场地设计绝对标高为4.70 m，向通道方向找坡，场地设计标高高于50年一遇防洪水位——3.14 m，变电站一层室内标高为5.100 m。站区场地竖向布置采用平坡式，坡度控制在0.5%～1%，并采取措施防止内涝。

（2）管沟布置。

在变电站北侧引出2条1.4 m×1.7 m的综合电缆沟及2条1.4 m×1.2 m的10 kV电缆沟。

（3）进站道路。

变电站北侧及东侧为园区内环形通道，通道宽度为6.0 m，转弯半径为12.0 m。园区北侧靠近变电站处为公交站的出入口，连接北侧白石路，可作为变电站设备的运输出入口。

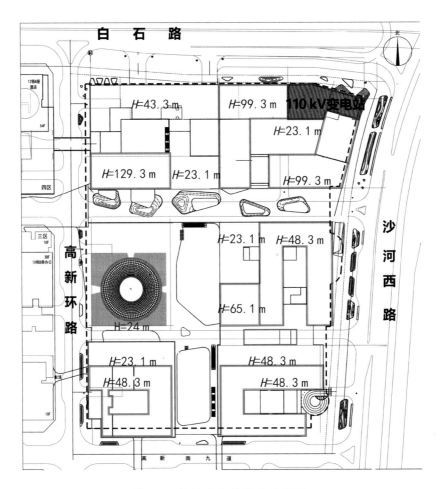

图 2.3　投控变电站总体平面图

（4）变电站主要技术指标（表2.1）。

表 2.1　变电站主要技术指标

项目	单位	方案一	备注
总建筑面积	m²	3 711.1	—
地下一层建筑面积	m²	1 524.1	—
地上一层建筑面积	m²	1 354	—
地上二层建筑面积	m²	833	—

4.建筑风格

变电站建筑风格及合建建筑建筑风格由合建建筑方统一设计，采用现代风格，美观协调，其立面效果图及实景照片分别如图2.4和图2.5所示。

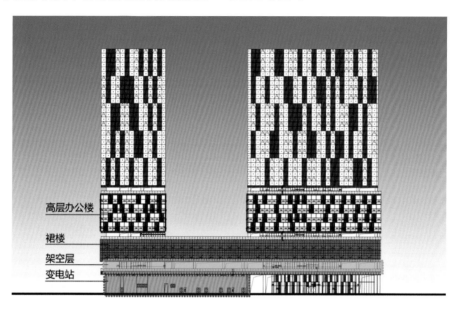

图 2.4　投控变电站立面效果图

（a）实景照片 1　　　　　　　　　（b）实景照片 2

图 2.5　投控变电站实景照片

5.结构

变电站结构及合建建筑结构由合建建筑方统一设计。

6.设计基本条件

本站址地震基本烈度为7度。深圳地区50年一遇风压为0.75 kN/m²，对应的风速为34.64 m/s。地面粗糙度为B类。

变电站附建的研发楼主体为24层高层建筑，建筑高度为99.3 m。变电站结构抗震设防措施、结构安全等级、设计使用年限等级与研发楼主体结构一致。

（1）建筑物。

研发楼主体结构采用框架-核心筒结构，变电站与其一致，框架梁、柱、楼板采用C30级混凝土现浇，屋面采用C30级混凝土现浇双坡梁板。

（2）构筑物。

主变压器位于地上一层，基础为结构梁板，采用气体绝缘变压器，不设油坑。

设备支架采用十二边形的多边形热镀锌钢管，设备支架基础采用C25现浇混凝土基础。

电缆沟采用钢筋混凝土沟道，过道路电缆沟盖板采用包角钢钢筋混凝土加重盖板，角钢需热镀锌。

化粪池由园区整体统一规划布置。

（3）地基处理方案。

地基处理方案由园区整体统一设计。

（4）隔振设计。

变电站电磁设备为激振源，如主变压器、电抗器等，其激振频率一般为电源频率的2倍，大小为100 Hz及其倍数。

为避免电气设备与建筑结构产生共振，通过建立ABAQUS有限元分析模型，应校核：

①主变压器与变压器室楼板的共振频率。

②主变压器与变电站主体结构的共振频率。

③主变压器与合建建筑主体结构的共振频率。

（5）隔振构造措施。

①自锁螺栓，应用于10 kV开关柜、二次屏柜等。

②弹簧隔振装置，应用于自重较小的设备，如电抗器等。

③橡胶垫隔振装置，应用于自重较大的设备，如主变压器等。

7.通风系统

根据中国南方电网公司标准设计（即《南方电网公司35~500 kV变电站标准设计》）的要求：主控制室及通信室、10 kV室配置空调。

（1）主变压器通风。

主变压器室一面对外，采用下部进风、上部排风的风道设计方案，主变压器室风路示意图如图2.6所示，其内风机配置应满足运行及事故后排烟要求。

该方案中，外部进出风口距离勉强满足《发电厂供暖通风与空气调节设计规范》（DL/T 5036—2016）要求，但还是存在少量风道不畅的问题；内部进出风口都在主变压器室靠外墙侧，通过实践总结可知，U形通风通道对发热量较大的设备散热效果不理想，应在后续设计中改进。

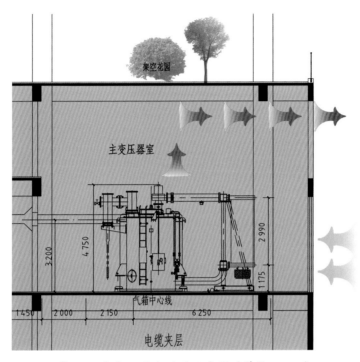

图2.6 主变压器室风路示意图（单位：mm）

（2）SVG通风。

单组SVG功率柜与电抗器柜并排布置。本项目共6组SVG设备，集中布置于地下一层的SVG室。其风机配置应满足运行及事故后排烟要求。

本项目无功补偿SVG设备采用风冷方式。SVG热量通过风管直接排放到合建建筑的总风道中。

（3）110 kV GIS室通风。

根据通风设计规程《发电厂供暖通风与空气调节设计规范》（DL/T 5036—2016）配置进风、排风，使之满足设备正常运行温度要求及事故后排烟需要。独立配置低位SF_6（六氧化硫）排风口。

（4）主控制室及通信室、10 kV室通风。

主控制室及通信室、10 kV室根据事故后排烟需要配置风机。

8.消防设计

（1）火灾危险性分析。

根据《建筑设计防火规范》（GB 50016—2016），按主要设备室的工艺设备特点，对主要设备室的火灾危险性进行分类，见表2.2。

表 2.2　主要设备室火灾危险性分类

序号	主要设备室	主要电气设备	火灾危险性	耐火等级
1	主变压器室	SF_6 气体变压器	丁	一级
2	110 kV 配电装置室	GIS 组合电器	丁	一级
3	10 kV 配电装置室	金属铠装移开式高压开关柜	丁	一级
4	10 kV 无功补偿设备室	SVG 动态无功补偿	丁	一级
5	10 kV 站用变压器室、接地变压器室	环氧树脂浇注干式变压器	丁	一级
6	电缆夹层室	电缆	丁	一级

（2）防火分隔。

变电站应使用不开设门窗洞口的防火墙与相邻区域进行分隔。

①地上部分的防火分区建筑面积不应大于 2 000 m²，地下部分防火分区建筑面积不应大于 1 000 m²，详见图2.7所示的地下一层平面布置。

②各设备间使用耐火极限不低于 2.0 h 的不燃烧体隔墙、不低于 1.5 h 的不燃烧体楼板和甲级防火门形成的独立防火单元。

③每台主变压器单独成室，各室之间使用防火墙进行分隔。主变压器室的开口应直接通向室外，入口处使用的水喷淋卷帘的耐火完整性不低于 3 h，详见图2.8所示的地上一层平面布置。

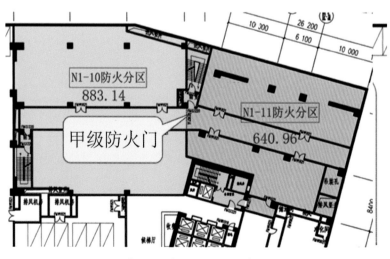

图 2.7　地下一层平面布置

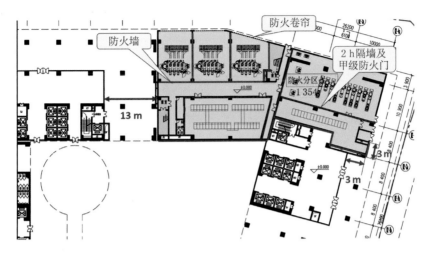

图 2.8 地上一层平面布置

（3）疏散设施的设计。

根据《建筑设计防火规范》（GB 50016—2014）和《火力发电厂与变电站设计防火标准》（GB 50229—2019）的要求：

①变电站西侧和北侧外墙各设一个直通室外的楼梯，以使首层的疏散距离满足要求，并使得疏散楼梯内的人员能尽快到达室外。

②除卫生间外，所有房间门均向疏散方向开启。除主变压器室外，其余建筑面积大于60 m²的房间均有2个疏散门。

③地下室与地上层共用疏散楼梯间时，在首层与地下层的出入口处，设置耐火极限不低于2.0 h的隔墙和乙级防火门，并应有明显标志，参见图2.9所示的地上一层平面布置局部放大图。

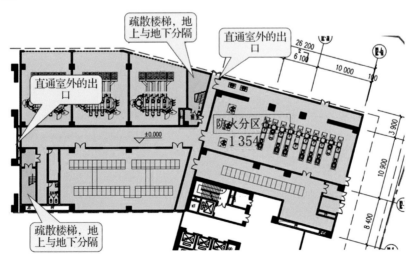

图 2.9 地上一层平面布置局部放大图

（4）消防构造。

①变电站外墙上的门、窗等开口部位的上方应设置宽度不小于1.0 m的不燃烧体防火挑檐或高度不小于2.0 m的窗槛墙，如图2.10所示。

图 2.10　变电站外墙防火挑檐示意图

②变电站屋顶（即架空花园楼板，如图2.11所示）的耐火极限不应低于2.0 h。

图 2.11　变电站屋顶架空层示意图

③变电站西侧外墙距相邻区域外墙的距离为13 m，南侧外墙为不开设门窗洞口的防火墙。

④与变电站相邻的东侧大堂外玻璃幕墙距变电站东侧外墙的距离及距变电站外墙开口的水平距离均不小于3 m。

⑤电缆从室外进入室内的入口处、电缆竖井的出入口处及主控制室与电缆层之间，

应采取防止电缆火灾蔓延的阻燃及分隔措施：

a.采用防火隔墙或隔板，并用防火材料封堵电缆通过的孔洞。

b.电缆局部涂防火涂料或局部采用防火带、防火槽盒。

⑥内部装修材料耐火等级均应为A级。

（5）消防报警。

全站设置一套火灾自动报警系统。变电站火灾报警主机采用三重报警方式，将变电站火灾报警信号分别送至供电局消防控制中心、合建建筑消防控制中心；变电站火灾报警主机同步接收合建建筑的火灾报警信号，并将信号送至供电局消防控制中心。

全站设置一套火灾报警集中控制器及消防联动扩展柜，布置于警传室。消防火灾报警信号接入变电站计算机监控系统。火灾报警集中控制器配备控制和显示主机，设有手动和自动选择器，消防联动扩展柜可直接控制其联动设备，并可以显示启动、停止、故障信号。消防及火灾自动报警系统具有与计算机监控系统通信的接口，远方控制中心可以对消防及火灾自动报警系统进行监控。在站内主变压器、电缆竖井、电缆夹层、电缆桥架及电缆沟等处敷设感温电缆；GIS设备间采用红外光束感烟探测器；其他设备房间采用点型感烟探测器。火灾探测器选用及布置满足《火灾自动报警系统设计规范》（GB 50116—2013）。

（6）消防设施。

①室外消火栓系统。

室外消火栓系统由合建建筑方统一设计。

②室内消火栓系统。

本变电站内应设置室内消火栓系统。《消防给水及消火栓系统技术规范》（GB 50974—2014）第3.5.2条规定，二类高层公共建筑的室内消火栓的用水量不应小于20 L/s，每根竖管的流量不应小于10 L/s，同时使用的消防水枪数不应少于4支。《火力发电厂与变电站设计防火规范》（GB 50229—2006）第11.5.6条规定，变电站内建筑高度在24~50 m的主控通信楼、配电装置楼、继电器室、变压器室、电容器室、电抗器室等，室内消火栓的用水量不应小于25 L/s，每根竖管的流量不应小于15 L/s，同时使用的消防水枪数不应少于5支，每支水枪流量不应小于5 L/s。

综合以上规定，本项目室内消火栓的用水量不应小于25 L/s，每根竖管的流量不应小于15 L/s，同时使用的消防水枪数不应少于5支，每支水枪流量不应小于5 L/s，火灾延续时间不应小于2 h。室内消火栓箱内建议配置消防软管卷盘，以便于工作人员及时扑救早期火灾。

③灭火器。

本项目中附建式变电站应按照《火力发电厂与变电站设计防火规范》（GB 50229—

2006）第11.5.17条的规定配置灭火器。在主变压器室附近配置1具50 kg/台的推车式磷酸铵盐干粉灭火器，在室内设备室配置2具 5 kg/具的手提式磷酸铵盐干粉灭火器。

④自动灭火系统。

自动灭火系统的配置类型见表2.3。

表 2.3　投控变电站主要设备房间自动灭火系统的配置类型

设备室名称		自动灭火系统类型
主变压器室	气体变压器室	气体灭火系统
其他电气设备间	静止无功发射器（SVG）室	气体灭火系统
	10 kV 开关柜室	气体灭火系统
	110 kV GIS 室	气体灭火系统
	继电器及通信室	气体灭火系统
	蓄电池	气体灭火系统
电缆层和电缆竖井		气体灭火系统

⑤消防道路。

消防道路利用市政路。

（7）消防水泵房、消防水池及水源。

①消防水泵、消防水池由合建建筑方统一设计。

②变电站消防给水量应按火灾时一次最大室内和室外消防用水量之和计算。

2.1.2　电气部分

1.工程建设规模

本工程建设规模见表2.4。

表 2.4　投控变电站工程建设规模

		本期规模	终期规模
变电工程	主变压器[①]	$3 \times 63\,MV \cdot A$	$3 \times 63\,MV \cdot A$
	110 kV 出线	本期 4 回 （2 回至秀丽站，2 回至沙河站）	终期 4 回 （2 回至秀丽站，2 回至沙河站）
	10 kV 出线	3×16 回	3×16 回
	无功补偿装置	$3 \times (2 \times 7\,500)$ kvar 风冷 SVG	$3 \times (2 \times 7\,500)$ kvar 风冷 SVG

注：①主变压器规模用"台数×容量"的格式表述。

2.电气主接线

投控变电站110 kV电气接线采用单母线分段接线，如图2.12所示。

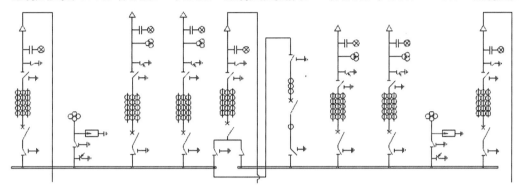

图 2.12　110 kV 电气接线图

3.主设备选择

电气主设备按国产、优质、小型化、低损耗、低噪声及安全经济的原则选择。

投控变电站为嵌入附建式变电站。根据广东省消防总队专家评审意见，嵌入附建式变电站视为合建建筑附属部分，火灾危险性分类属于丁类，防火设计按丙类工业厂房设计，所有设备房间均应设置自动灭火设施。

常规变电站中电气主设备仅主变压器和电容器组含油，不满足丁类火灾危险性的要求，因此本工程主变压器采用SF₆气体变压器，无功补偿装置采用SVG。

（1）主变压器。

主变压器选用110 kV低损耗三相双卷风冷有载调压型SF₆气体变压器。

额定容量：63 MV·A。

电压等级：110 ± 8 × 1.25%/10.5 kV。

接线方式：YN，d11。

阻抗电压：$U_k=16\%$。

附套管电流互感器：

　　110 kV侧：LRB–110，500–1000/1A，5P40，40 V·A，2组。

　　　　　　　LR–110，500–1000/1A，0.5S，20 V·A，1组。

　　110 kV侧中性点：LRB–110，100–300/1A，5P20，20 V·A，3只。

中性点绝缘水平：63 kV。

调压方式：配油浸有载调压开关。

主变压器中性点隔离开关：GW13–72.5（W）/630 A。

主变压器中性点避雷器：Y（1.5）W（5）-（72）/（186）。

该SF₆气体变压器的实例照片及参数如图2.13所示。

图 2.13　SF₆ 气体变压器实例照片及参数

（2）无功补偿装置。

出线的无功补偿装置采用风冷式SVG静止型动态无功补偿装置，如图2.14和图2.15所示。

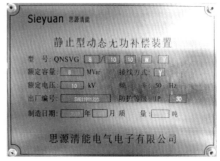

图 2.14　风冷 SVG 实例照片　　图 2.15　SVG 铭牌实例照片（以思源
　　　　　　　　　　　　　　　　　　　　　电气设备为例）

（3）其他配电装置。

110 kV配电装置选用110 kV户内GIS设备；10 kV配电装置选用中置式开关柜，内配真空断路器。串联电抗器选用户内干式铁芯设备。站用变压器选择干式设备，单台容量为400 kV·A。380/220 V配电屏选用智能式低压开关柜。10 kV接地变压器选用干式接地变压器，其容量为420 kV·A。

4.变电站布置

（1）总体布置。

本站站址位于深圳市南山区深圳湾科技生态园东北侧二区建筑物内-5.70 m～+9.30 m，共3层建筑，为附建式变电站。变电站剖面如图2.16所示。

地上二层（+5.100 m层）布置有二次设备室、蓄电池室和通信室等，层高为4.300 m，方便工作人员平时的出入及操作，电气平面图如图2.17所示。

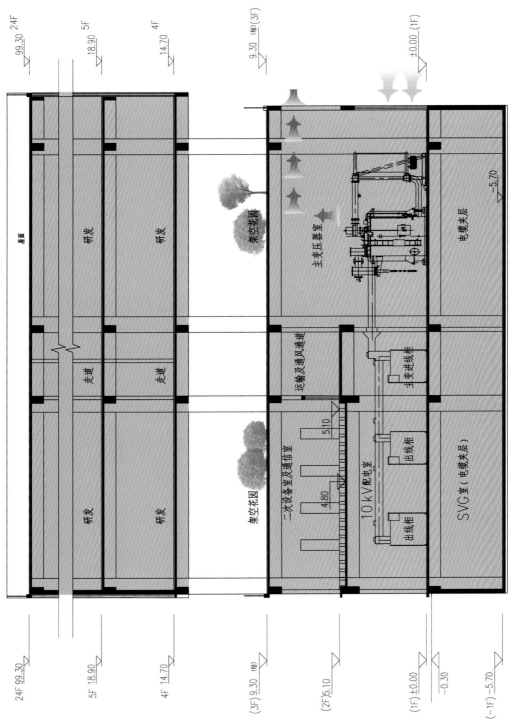

图 2.16　授控变电站剖面图

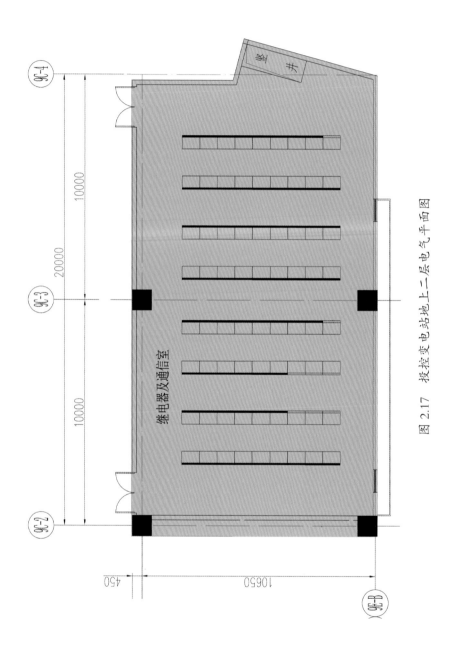

图 2.17 投控变电站地上二层电气平面图

地上一层（±0.000 m层）设置有主变压器、110 kV配电装置、10 kV配电装置、10 kV接地变压器、站用变压器及吊物孔等，主变压器及110 kV配电装置室大门直接朝向道路侧；房间布置紧凑合理，既方便大型设备吊装与运输，也方便工作人员维护设备及自我疏散，同时也满足设备的通风、消防要求，能充分利用站区面积；主变压器及110 kV配电装置室层高为9.300 m，10 kV室层高为5.000 m，如图2.18所示。

地下一层（-5.700 m层）设置有SVG室和电缆夹层，层高为5.700 m，并设置SVG设备吊物孔。全站所有110 kV及10 kV电缆均通过电缆夹层与相应设备连接，如图2.19所示。

（2）110 kV配电装置。

110 kV配电装置采用户内GIS布置在配电装置楼±0.000 m层，通过电缆夹层埋管电缆出线。

本期共建设4回电缆出线间隔、3回主变压器电缆进线间隔、1个分段间隔以及2个母线设备间隔。

（3）10 kV配电装置。

10 kV配电装置采用金属铠装移开式高压开关柜，户内三列布置于±0.000 m层的10 kV配电装置室内。10 kV站用变压器及10 kV小电阻成套装置选用带金属箱体的干式变压器，布置于±0.000 m层的站用及接地变压器室内。10 kV无功补偿采用动态无功补偿装置（SVG设备），布置于-4.50 m层，与电缆夹层相邻。

（4）主变压器、大门及站内道路。

主变压器位于±0.000 m层，户内布置，采用SF_6气体变压器。

由于布置位置受限，主变压器与110 kV GIS进线间隔不能直接用软导线跳接，故采用直径为400 mm的交联聚乙烯电力电缆XLPE-110-1连接。

由于10 kV主变回路电流较大，若采用电缆与主变低压侧套管连接，则对电缆截面及数量需求较大，且使电缆与10 kV进线柜的连接难度加大；因此为避免上述问题，经综合分析、调整，使主变压器室与10 kV配电装置室毗邻布置，且与主变压器10 kV进线柜采用封闭母线桥连接。

本站主变压器室大门朝向变电站北侧，白石路方向；110 kV配电装置室大门朝向变电站东侧，沙河西路方向。

由于本站位于建筑物内，故在变电站东侧和北侧各设置一个出入口，供日常运行维护、巡视检修人员使用；设备运输及检修维护时，需利用白石路、沙河西路及深圳湾科技生态园项目的消防通道。

（5）电缆走向。

110 kV及10 kV出线均采用电缆出线，从电缆夹层埋管至站外工井，由工井向北电缆出线。

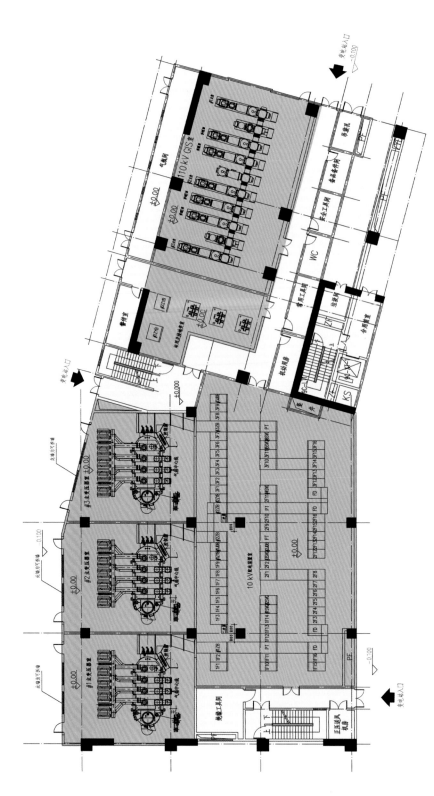

图 2.18 投控变电站地上一层电气平面图

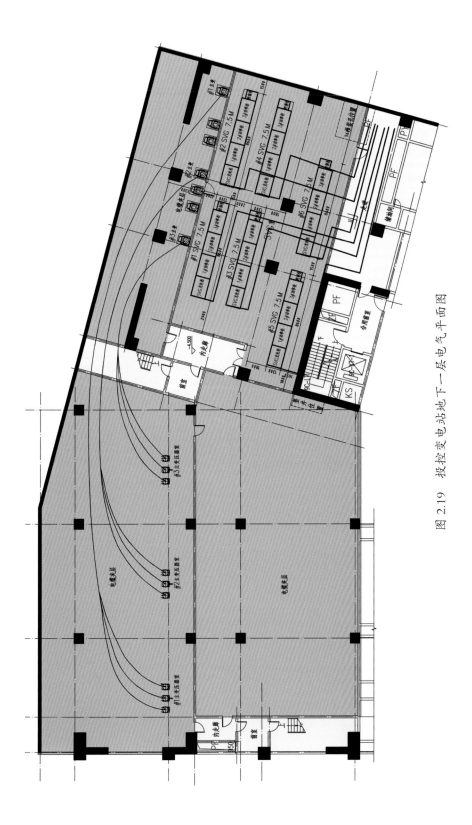

图 2.19 授控变电站地下一层电气平面图

2.2 航海变电站^①

航海变电站终期采用4×75 MV·A主变压器，220 kV出线10回，20 kV出线40回，无功补偿采用8×8 Mvar水冷SVG。

变电站部分嵌入合建建筑投影下方。

2.2.1 土建部分

1.合建建筑情况

航海变电站的合建建筑为中集前海国际商务中心，位于深圳前海九单元核心区域。项目集超5A甲级写字楼、高端人才公寓、商业、配套服务、国际交流等多功能于一体，开发强度和密度较高，但保留了充分的绿色生态和交互空间，构建了复合立体的高效交通、人文洋溢的都市活力和低碳生态的可持续发展模式，以及国际合作与交流平台，打造了具有国际影响力的现代化商务中心。项目占地面积为3.6万m²，总建筑面积约28万m²，包含4个地块，包括办公区、商业区、公寓区及地下商业区。项目规划建设220 m超高层建筑一栋、180 m超高层建筑一栋，项目建成后将为前海蛇口自贸区发展建设提供产业研究、规划设计、招商引资、孵化加速、金融聚集等全方位的服务，鸟瞰图如图2.20所示。

图 2.20　航海变电站鸟瞰图

---

① 案例设计时间：2020年10月。

航海变电站属于嵌入附建式变电站,位于地块09-02-01、2栋的180 m超高层建筑地下一层至地上四层,部分嵌入该超高层建筑的下方,主变压器上方无建筑。

2.与合建建筑的相互关系

航海变电站剖面如图2.21所示。

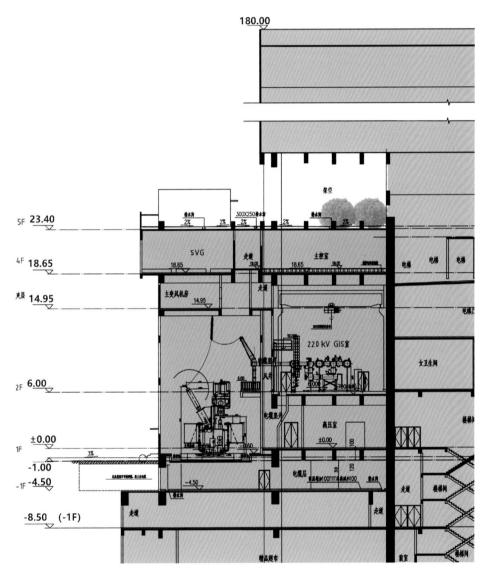

图 2.21 航海变电站剖面图

3.总平面布置

航海变电站按无人值班的全户内GIS变电站设计。变电站位于深圳市南山区听海大道与前海大道南角九单元02街坊10地块项目东北角,位置如图2.22所示。

变电站不设围墙、大门，化粪池由园区统一规划布置，平面布置图如图2.23所示。

图 2.22 航海变电站位置图

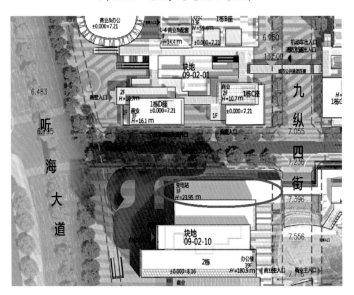

图 2.23 航海变电站平面布置图

（1）竖向布置方式和建筑物室内外设计标高的确定。

场地设计标高按100年一遇防洪水位设防，由园区统一规划布置。

（2）管沟布置。

变电站220 kV及20 kV均采用电缆出线。220 kV采用2回电缆隧道向西北出线，20 kV采用埋管从南侧及东侧出线。

（3）进站道路。

变电站两侧均为规划市政道路，主变压器运输可利用东北侧公正北二街直接运入，其余设备运输及人员进出可通过听海大道及内部规划的九纵四街直接运入。

（4）站区主要技术指标（表2.5）。

表 2.5 站区主要技术指标

项目	单位	方案一	备注
总建筑面积	m²	6 315	—
地下一层建筑面积	m²	1 508	—
地上一层建筑面积	m²	1 508	—
地上二层建筑面积	m²	914	—
地上三层建筑面积	m²	767	—
地上四层建筑面积	m²	1 618	—

4.建筑风格

建筑室外装修设计由合建建筑方统一考虑，本变电站采用现代建筑风格，与合建建筑风格统一、协调，效果图如图2.24所示。

图 2.24 航海变电站效果图

5.结构

变电站结构及合建建筑结构由合建建筑方统一设计。

（1）设计基本条件。

本站址地震基本烈度为7度。深圳地区50年一遇风压为0.75 kN/m²，对应的风速为34.64 m/s。地面粗糙度为B类。

中集前海国际商务中心二期2栋主体结构采用框架–剪力墙结构，变电站主体结构与组合建筑一致。变电站结构抗震设防措施、结构安全等级、设计使用年限等级与合建建筑主体结构一致。

（2）建筑物。

合建建筑主体结构采用框架–剪力墙结构，变电站与其一致。框架梁、柱、楼板采用C30级混凝土现浇，屋面采用C30级混凝土现浇双坡梁板。

（3）构筑物。

主变压器位于地上一层，基础为结构梁板，采用氟碳化合物蒸发变压器，设氟碳化合物回收池。每台主变压器挡池设施容积按设备液量的20%设计，并能将事故液体排入总事故回收池。总事故回收池的容量按其接入的最大一台主变压器的液量确定，并设置液水分离装置。

设备支架采用十二边形热镀锌钢管，设备支架基础采用C25现浇混凝土基础。

电缆沟采用钢筋混凝土沟道，过道路电缆沟盖板采用包角钢钢筋混凝土加重盖板。角钢需热镀锌。

化粪池由园区统一规划布置。

（4）地基处理方案。

地基处理方案由合建建筑方统一设计。

（5）隔振设计。

变电站电磁设备为激振源，如主变压器、电抗器等，其激振频率一般为电源频率的2倍，大小为100 Hz。

为避免电气设备与建筑结构产生共振，通过建立ABAQUS有限元分析模型，应校核：

①主变压器与变压器室楼板的共振频率。

②主变压器与变电站主体结构的共振频率。

③主变压器与合建建筑主体结构的共振频率。

（6）隔振构造措施。

①自锁螺栓，应用于10 kV开关柜、二次屏柜等。

②弹簧隔振装置，应用于自重较小的设备，如电抗器等。

③橡胶垫隔振装置，应用于自重较大的设备，如主变压器等。

6.通风系统

根据中国南方电网公司标准设计的要求：继电器及通信室、20kV配电装置室配置空调。

（1）主变压器通风。

其风机配置应满足运行及事故后排烟要求。

主变压器室一面对外，为避免发生进、排风短路，主变压器室上部设风机夹层，新风从主变室下部进风口进入主变压器室，流过主变压器散热器后，经主变压器室上部内侧吸风口，由风机抽至室外。主变压器室内气流完整经过主变压器散热器，室外进出风口距离满足要求，主变压器散热效果较好。主变压器室风路示意图如图2.25所示。

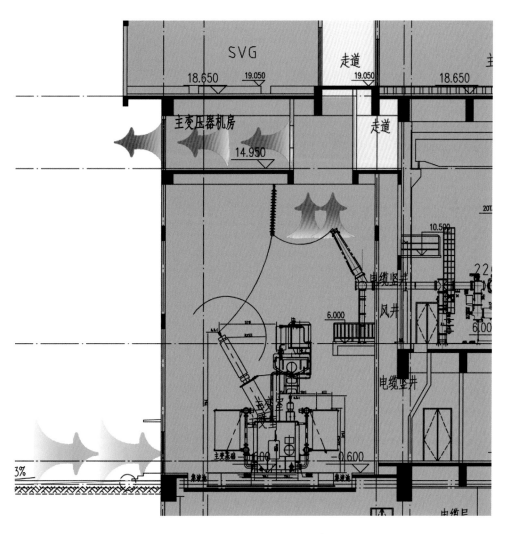

图 2.25　主变压器室风路示意图

（2）SVG通风。

本项目无功补偿SVG设备采用水冷方式。

由于发热量和散热方式不同，SVG本体与SVG电抗器分不同房间布置。

SVG本体房间采用水冷散热，热量通过水冷装置带至室外，室内封闭，配置空调满足设备正常运行温度要求。事故后排烟配置风机。

SVG电抗器房间采用机械进风、排风，满足设备正常运行温度要求，其事故后排烟配置风机。

SVG本体房间与SVG电抗器房间风机配置均应满足运行及事故后排烟要求。

SVG本体水冷装置布置于屋顶，通过风机将水冷散热器的热量排放至自然环境。水冷装置与SVG本体分层布置。考虑到水压问题，水冷风机的布置高度不宜超过15 m，同时需考虑水冷风机对周围环境的噪声影响。

（3）220 kV GIS室通风。

根据通风设计规程配置进风、排风，使之满足设备正常运行温度要求及事故后排烟需要。独立配置低位SF6排风口。

（4）主控制室及通信室、20 kV室通风。

主控制室及通信室、20 kV室根据事故后排烟需要配置风机。

7.消防设计

（1）火灾危险类别。

根据《建筑设计防火规范》（GB 50016—2014），按主要设备室的工艺设备特点，对主要设备室的火灾危险性进行分类，见表2.6。

表2.6　主要设备室的火灾危险性类别

序号	主要设备室	主要电气设备	火灾危险性	耐火等级
1	主变压器室	氟碳蒸发气相冷却变压器	丁	一级
2	220 kV 配电装置室	GIS 组合电器	丁	一级
3	20 kV 配电装置室	金属铠装移开式高压开关柜	丁	一级
4	20 kV 无功装置室	SVG 动态无功补偿	丁	一级
5	20 kV 站用变压器、接地变压器室	环氧树脂浇注干式变压器	丁	一级
6	电缆夹层室	电缆	丁	一级
7	控制室	控制柜	丁	一级

（2）防火分隔。

①地上部分的防火分区建筑面积不应大于2 000 m²，地下部分的防火分区建筑面积不应大于1 000 m²，地下一层平面防火分区如图2.26所示。

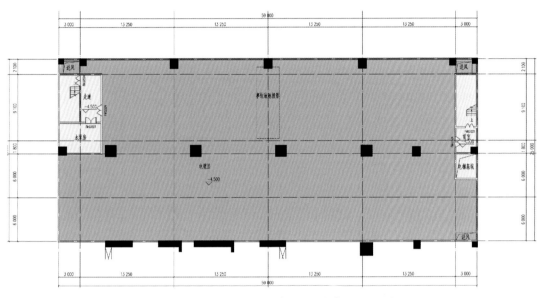

图 2.26 地下一层平面布置图（单位：mm）

②各设备间使用耐火极限不低于2.0 h的不燃烧体隔墙、不低于1.5 h的不燃烧体楼板和甲级防火门形成独立的防火单元。

③每台主变压器单独成室，各室之间使用防火墙进行分隔。主变压器室的开口应直接通向室外，入口处使用的水喷淋卷帘的耐火完整性不低于3 h。

（3）疏散设施的设计。

根据《建筑设计防火规范》（GB 50116—2014）和《火力发电厂与变电站设计防火标准》（GB 50229—2019）的要求：

①变电站两侧外墙各设一个直通室外的楼梯，满足各层疏散距离要求。

②除卫生间外，所有房间门均向疏散方向开启。除主变压器室外，其余建筑面积大于60 m²的房间均有2个疏散门。

③地下室与地上层共用疏散楼梯间时，在首层与地下层的出入口处，设置耐火极限不低于2.0 h的隔墙和乙级防火门，并应有明显标志。

（4）消防构造。

①变电站屋顶（即架空花园楼板）的耐火极限不应低于2.0 h。

②变电站与合建建筑相连处均采用防火墙分隔。

③电缆从室外进入室内的入口处、电缆竖井的出入口处及主控制室与电缆层之间

时，应采取防止电缆火灾蔓延的阻燃及分隔措施：

  a. 采用防火隔墙或隔板，并用防火材料封堵电缆通过的孔洞。

  b. 电缆局部涂防火涂料或局部采用防火带、防火槽盒。

  ④内部装修材料耐火等级均应为A级。

（5）消防报警。

全站设置一套火灾自动报警系统。变电站火灾报警主机采用三重报警方式，将变电站火灾报警信号分别送至供电局消防控制中心、合建建筑消防控制中心；变电站火灾报警主机同步接收合建建筑的火灾报警信号，并将信号送至供电局消防控制中心。

全站设置一套火灾报警集中控制器及消防联动扩展柜，布置于警传室。消防火灾报警信号接入变电站计算机监控系统。火灾报警集中控制器配备控制和显示主机，设有手动和自动选择器，消防联动扩展柜可直接控制其联动设备，并可以显示启动、停止、故障信号。消防及火灾自动报警系统具有与计算机监控系统通信的接口，远方控制中心可以对消防及火灾自动报警系统进行监控。在站内主变压器、电缆竖井、电缆夹层、电缆桥架及电缆沟等处敷设感温电缆；GIS设备间采用红外光束感烟探测器；其他设备房间采用点型感烟探测器。火灾探测器选用及布置满足《火灾自动报警系统设计规范》（GB 50116—2013）。

（6）消防设施。

①室外消火栓系统。

室外消火栓系统由合建建筑方统一设计。

②室内消火栓系统。

本变电站内应设置室内消火栓系统。《消防给水及消火栓系统技术规范》（GB 50974—2014）第3.5.2条规定，二类高层公共建筑的室内消火栓的用水量不应小于20 L/s，每根竖管的流量不应小于10 L/s，同时使用的消防水枪数不应少于4支。《火力发电厂与变电站设计防火标准》（GB 50229—2019）第11.5.6条规定，变电站内建筑高度在24~50 m的主控通信楼、配电装置楼、继电器室、变压器室、电容器室、电抗器室等，室内消火栓的用水量不应小于25 L/s，每根竖管的流量不应小于15 L/s，同时使用的消防水枪数不应少于5支，每支水枪流量不应小于5 L/s。

综合以上规定，本项目室内消火栓的用水量不应小于25 L/s，每根竖管的流量不应小于15 L/s，同时使用的消防水枪数不应少于5支，每支水枪流量不应小于5 L/s，火灾延续时间不应小于2 h。室内消火栓箱内建议配置消防软管卷盘，以便于工作人员及时扑救早期火灾。

（7）灭火器。

本项目附建式变电站应按照《火力发电厂与变电站设计防火标准》（GB 50229—2019）第11.5.17条的规定配置灭火器。在主变压器室附近配置1具50kg/台的推车式磷酸铵盐干粉灭火器，在室内设备室配置2具5 kg/具的手提式磷酸铵盐干粉灭火器。

（8）自动灭火系统。

自动灭火系统的配置类型见表2.7。

表 2.7 航海变电站主要设备房间灭火系统的配置类型

设备室名称		自动灭火系统类型
主变压器室	氟碳化合物变压器室	水喷雾灭火系统
其他电气设备间	静止无功发射器（SVG）室	气体灭火系统
	20 kV 开关柜室	气体灭火系统
	220 kV GIS 室	气体灭火系统
	继电器及通信室	气体灭火系统
	蓄电池室	气体灭火系统
电缆层和电缆竖井		气体灭火系统

（9）消防道路。

消防道路利用市政路。

（10）消防水泵房、消防水池及水源。

①消防水泵房由变电站独立设置。消防水池由合建建筑方统一设计。

②变电站消防给水量应按火灾时一次最大室内和室外消防用水量之和计算。

2.2.2 电气部分

1.工程建设规模

本工程建设规模见表2.8。

表 2.8 航海变电站工程建设规模

		本期规模	终期规模
变电工程	主变压器	220 kV/20 kV，4×75 MV·A	220 kV/20 kV，4×75 MV·A
	220 kV 出线	本期 4 回	终期 10 回
	20 kV 出线	4×10 回	4×10 回
	无功补偿装置	8×8 Mvar 水冷 SVG	8×8 Mvar 水冷 SVG

2.电气主接线

航海变电站220 kV采用双母线双分段接线；本站20 kV采用双分支环形接线方式，将变低20 kV引出2个分支，分别命名为A、B分支，A分支采用单元接线，B分支采用单母线分段环形接线，如图2.27所示。

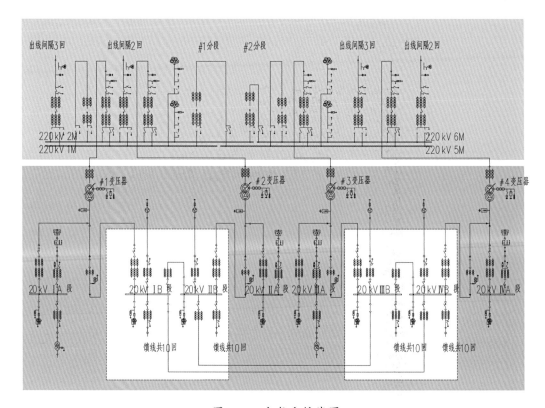

图 2.27　电气主接线图

3.主设备选择

电气主设备按国产、优质、小型化、低损耗、低噪音及安全经济的原则选择。

航海变电站为嵌入附建式变电站，根据消防批复，嵌入附建式变电站视为合建建筑附属部分，火灾危险性分类属于丁类，防火设计按丙类工业厂房设计，所有设备房间均应设置自动灭火设施。

常规变电站中电气主设备仅主变压器和电容器组含油，不满足丁类火灾危险性的要求，因此本工程主变压器采用氟碳化合物蒸发变压器，无功补偿装置采用SVG。

（1）主变压器。

主变压器选用220 kV低损耗三相双卷风冷有载调压型氟碳化合物蒸发变压器，如图2.28所示。

额定容量：75 MV·A；

电压等级：220 ± 8 × 1.25%/21 kV。

接线方式：YN，d11。

阻抗电压：$U_k=22\%$。

主变压器220 kV侧进线方式：架空进线。

220 kV中性点绝缘水平：110 kV。

图 2.28　氟碳化合物蒸发变压器

（2）无功补偿装置。

20 kV出线的无功补偿装置采用水冷式SVG静止型动态无功补偿装置，如图2.29所示。

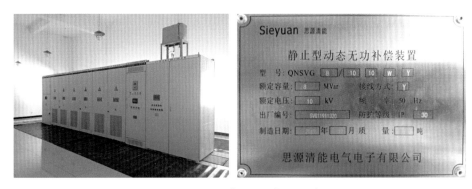

图 2.29　水冷 SVG 实例照片

（3）其他配电装置。

220 kV配电装置选用220 kV户内GIS设备；20 kV配电装置选用中置式开关柜，内配真空断路器。串联电抗器选用户内干式铁芯设备。站用变压器选择干式设备，单台容量为

630 kV·A。380/220 V配电屏选用智能式低压开关柜。20 kV接地变压器选用干式接地变压器，其容量为800 kV·A。

4.总体布置

整个变电站平面形状呈四边形，东北、西北、东南侧为直接对外墙面，西南侧与中集国际大楼贴邻连接，南、北侧为楼梯间。变电站标高范围为−4.500 m至+23.400 m。−8.500 m层为中集国际2栋办公楼走道层，+23.400 m为架空绿化层，+31.500 m层及以上为办公层，剖面图如图2.30所示。

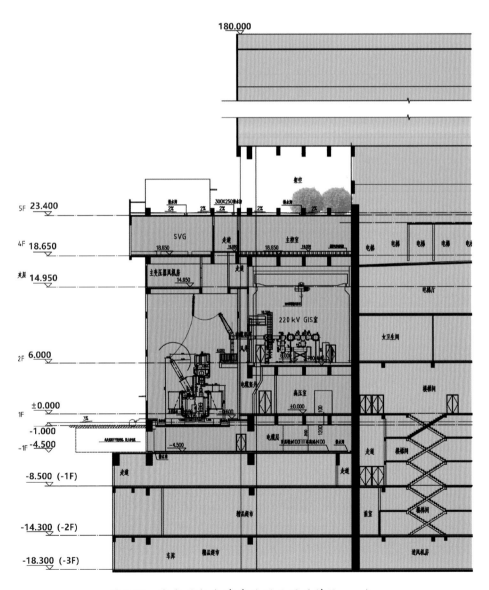

图 2.30 变电站与合建建筑剖面图（单位：m）

地下一层（-4.500 m层）为电缆夹层，层高为4.5 m（主变压器下方层高3.9 m），全站所有220 kV及20 kV电缆均通过电缆间与相应设备连接，如图2.31所示。

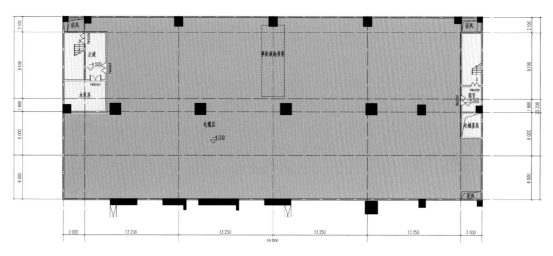

图 2.31　地下一层平面布置图

地上一层（±0.000 m层）布置有前海公司高压室、深圳局高压室、吊物平台、楼梯间等，主变压器室布置于-0.60 m层。高压室层高5.7 m，主变压器室层高15.55 m。地上一层平面布置图如图2.32所示。

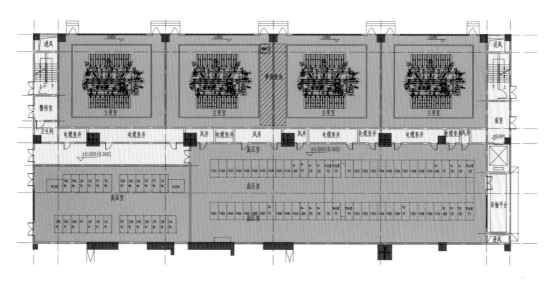

图 2.32　地上一层平面布置图

地上二层（+6.000 m层）：布置有220 kV GIS室、吊物平台、楼梯间等。220 kV GIS室层高为12.95 m，平面布置图如图2.33所示。

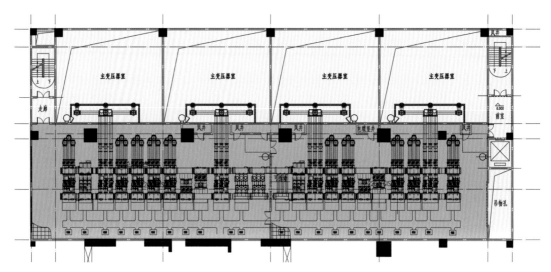

图 2.33　地上二层平面布置图

地上三层（+14.950 m层）布置主变压器风机房，如图2.34所示。

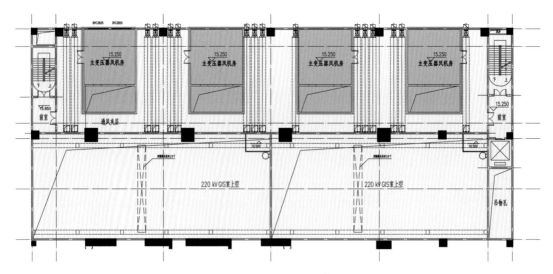

图 2.34　地上三层平面布置图

地上四层（+18.65 m层）布置SVG室、主控通信室、前海二次设备室、交流屏室、蓄电池室、接地变室、气瓶间、排风机房、常用工具间、绝缘工具间、吊物平台、楼梯间等，如图2.35所示。

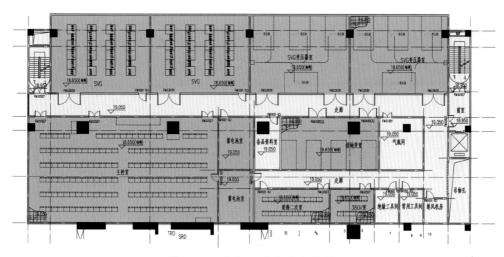

图 2.35 地上四层平面布置图

地上五层（+23.65 m层）主控通信室位于合建建筑的正投影下方，主控通信室上方超出变电站范围。考虑到消防因素，主控通信室正上方+23.400 m层设置架空绿化层，层高为8.1 m。本层布置SVG水冷设备室外机，位于合建建筑投影范围外。本层没有人员聚集的功能性房间，具体平面布置如图2.36所示。

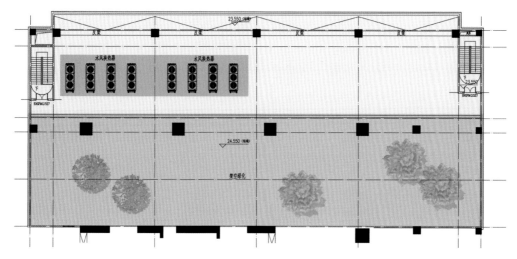

图 2.36 地上五层平面布置图

（1）220 kV配电装置。

220 kV配电装置采用户内GIS设备，布置在变电站地上二层的220 kV配电装置室内。由于GIS室面积大、体量大，为满足《气体灭火系统设计规范》（GB 50370—2005）第3.2.4条第2款的要求"一个防护区的容积不宜大于3 600 m³"，将原GIS室隔成2个GIS室，设备之间用GIS母线连通。

220 kV GIS两侧设置安装检修和巡视通道，主通道宜靠近主变压器侧，宽度不小于2 000 mm，巡视通道宽度不小于1 000 mm。

两个GIS室共用右侧的吊装孔搬运设备。为便于安装检修，两个GIS室各设置1台行车，互不影响。

受面积限制，GIS汇控柜和智能控制柜分散于房间各角落布置，只能采用前开门设计。

（2）20 kV配电装置。

20 kV配电装置采用金属铠装移开式高压开关柜。根据不同单位开关柜独立房间布置的要求，前海公司B分支开关柜布置在地上一层右侧高压室，深圳供电局A分支开关柜布置在地上一层左侧高压室。由于20 kV开关柜进出电缆较多，为方便走线，将地下一层设置为电缆夹层，能够汇集所有一、二次电缆。

前海公司开关柜按双列布置，每列开关柜布置需满足柜前及柜后操作、巡视通道要求。开关柜采用单母线4分段环形接线，每段母线有进线柜2面、馈线柜10面、接地变柜1面、PT柜1面、分段柜2面，终期共有开关柜64面。

深圳供电局开关柜按双列布置，柜前、柜后满足操作和巡视通道要求。每段A分支有进线柜2面、PT柜1面、SVG柜1面，另Ⅰ AM、Ⅲ AM各有站用变柜1面，4个A分支共有18面开关柜；B分支的计量柜和电缆转接柜也布置于本高压室。深圳供电局高压室共有开关柜26面。

主变压器电缆进深圳供电局A分支进线柜，同时分出B分支进计量柜，计量柜电缆经电缆夹层进前海公司B分支进线柜。

20 kV站用变压器选用干式铁芯柜式结构布置于深圳供电局20 kV配电装置室内，连接至#1、#3主变压器20 kV母线上。

20 kV无功补偿装置采用水冷式SVG动态无功补偿装置，终期共8组，每个房间布置4组。每组水冷SVG均由SVG本体、SVG变压器及散热器组成，其中各组SVG本体和SVG变压器均布置于变电站地上四层。为便于散热，将SVG本体和SVG变压器分开布置，即8组SVG本体分开布置在两个房间，8组SVG变压器也分开布置在两个房间。SVG本体通过水冷散热；SVG本体室通过空调降温；变压器室通过机械通风。SVG水冷散热器统一布置于地上五层的户外。SVG本体与散热器之间通过水管连接，水管从SVG本体水冷柜出来，向上穿过楼板到达地上五层，与散热器连接。SVG电缆经过电缆竖井、电缆夹层后接入地上一层开关柜。

20 kV小电阻成套装置采用干式设备布置于地上四五层接地变压器室内。

（3）主变压器、大门及站内道路。

本站终期按4台75 MV·A主变压器设计，所有配电装置均户内布置。为了方便主变压器的安装与运输，将主变压器布置于地上一层，且主变压器室大门直接朝向北侧道路。220 kV主变压器采用架空进线，20 kV变压器采用电缆出线，下入电缆夹层后敷设至各进线开关柜。

本站嵌入合建建筑内，变电站不设围墙，利用合建建筑内部道路和周边市政道路搬运设备和消防扑救；在变电站西北角及东南角各设置一个出入口，供日常运行维护、巡视检修人员使用；变电站东南侧设有搬运设备的吊装孔。

（4）电缆走向。

本站10回220 kV出线全部采用电缆出线方式，从电缆夹层向西北方向电缆隧道出线。20 kV馈线分别从电缆夹层向北、向东埋管至站外20 kV电缆沟：向北侧埋管36孔走2条1.2 m×1.2 m 20 kV沟出线，向东侧埋管24孔走1条1.2 m×1.2 m 20 kV沟出线。

第3章
贴邻附建式变电站案例

目前深圳电网贴邻附建式变电站正在设计的有：110 kV长城物流变电站、110 kV珠宝变电站、110 kV西丽二变电站、110 kV秋悦变电站和110 kV上沙变电站。

根据《建筑设计防火规范》（GB 50016—2014）第5.2.2条，贴邻合建建筑高度分为100 m以下和100 m及以上两种情况。

当贴邻合建建筑高度在100 m以下时，把贴邻附建式变电站视为合建建筑的裙房部分，变电站采用常规设备，火灾危险性分类属于丙类，防火设计按丙类工业厂房设计；设备房间的消防措施按《火力发电厂与变电站设计防火标准》（GB 50229—2019）执行。如110 kV长城物流变电站、110 kV珠宝变电站、110 kV西丽二变电站等，本章以110 kV珠宝变电站为例（图3.1）。

当贴邻组合建筑高度在100 m及以上时，根据110 kV珠宝变电站消防审查意见，把贴邻附建式变电站视为合建建筑的附属部分，火灾危险性分类属于丁类，防火设计按丙类工业厂房设计，所有设备房间均应设置自动灭火设施。如110 kV秋悦变电站、110 kV上沙变电站，本章以110 kV秋悦变电站为例。

图 3.1 110 kV 珠宝变电站合建建筑鸟瞰图

3.1 珠宝变电站^①

珠宝变电站终期采用3×63 MV·A，110 kV出线4回，10 kV出线48回，无功补偿装置采用电容器组3×（3×5 010）kvar。

变电站仅一面与合建建筑贴邻。

3.1.1 土建部分

1.合建建筑情况

合建建筑位于广东省深圳市罗湖区东晓街道片区。总用地面积为7 236.5 m²，计容积率的建筑面积为59 470 m²。地上36层（裙房4层），地下4层。建筑由南北两栋楼组成，其中1栋位于场地北侧，主要功能为110 kV珠宝变电站（建筑高度为17.28 m）、配套商业及产业研发用房（建筑高度为14.57 m）；2栋（建筑高度为171.92 m）位于场地南侧，主要为配套商业用房、产业研发用房和配套宿舍。

2.与合建建筑的相互关系

珠宝变电站不独立占地，位于宇宏大厦开发地块（天众塑胶厂城市更新单元）北侧，变电站紧贴合建建筑宇宏大厦，贴邻处为宇宏大厦1栋北侧产业研发用房（建筑高度为14.57 m）。

珠宝变电站与合建建筑相对位置图及建筑剖面图分别如图3.2和图3.3所示。

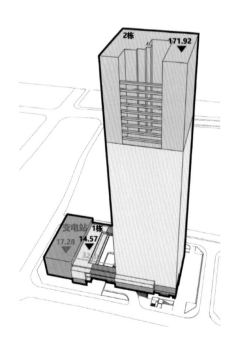

图 3.2 珠宝变电站与合建建筑相对位置图

---

① 案例设计时间：2021年4月。

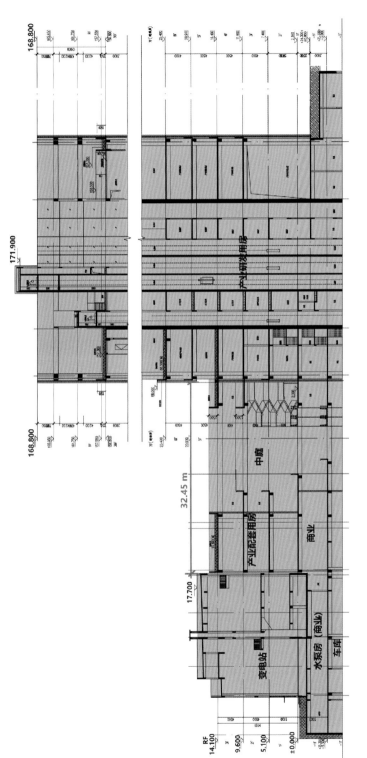

图 3.3 珠宝变电站与合建建筑剖面图（单位：高度单位为 m；其他未特殊标注单位为 mm）

3.总平面介绍

珠宝变电站站内仅设置配电装置楼一座，配电装置楼占地面积为954 m²，建筑面积为2 847.15 m²（包括电缆间）。变电站东北角设事故油池一座，容量为25 m³。

变电站不设围墙、大门，化粪池由宇宏地产统一规划布置。

（1）竖向布置及建筑物室内标高。

站址北侧约500 m为园岭山脚，西侧约500 m处为布吉河（泥岗路桥附近，该处距河口约4 500 m），站址周围地形平坦，总体呈现由东北向南西微倾的地形；根据《深圳市河道整治规划报告（2014—2020）》，布吉河50年一遇设计防洪水位为11.3~14.3 m，而场地设计标高暂定为26.50 m，站址场地无洪水、内涝隐患，做好站址周围的截排水措施即可。

宇宏地产开发用地地块（天众塑胶厂城市更新单元）竖向布置设计采用平坡式，采用雨污分离的有组织排水方式，接入市政雨污管道系统。

（2）管沟布置。

110 kV引出2条1.4 m×1.0 m电缆沟从西侧电缆出配电装置楼，10 kV引出3条1.2 m×1.2 m电缆沟从西侧和东侧电缆出线。

（3）进站道路。

整个地块内不设环形道路，消防通道利用周边市政路，变电站由北侧规划的宝润路进站。

（4）站区主要技术指标（表3.1）。

表 3.1　站区主要技术指标

编号	项目	单位	指标	备注
1	站址总用地面积	m²	972	——
2	总建筑面积	m²	2 847	——
3	建筑物占地面积	m²	972	——
4	电缆沟长度	m²	59	——
5	围墙	m	0	——
6	绿化	m²	0	——

（5）变电站总平面布置如图3.4所示。

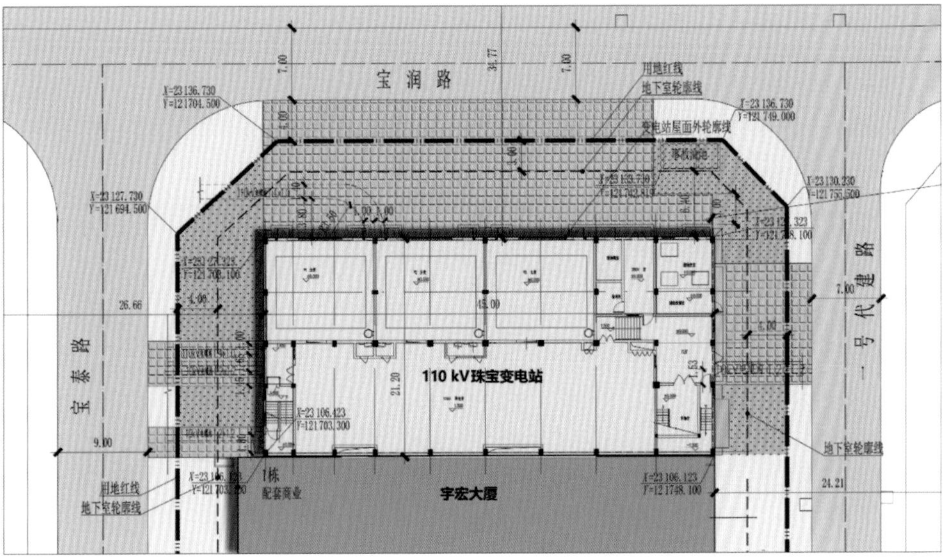

图 3.4　珠宝变电站总平面布置图

4.建筑风格

变电站建筑风格由合建建筑方统一设计。本变电站与现代建筑风格的宇宏大厦贴邻，变电站外立面采用灰色铝板幕墙，利用虚实结合的表现手法，使建筑形式、色彩与合建建筑及周边环境和谐统一，如图3.5所示。

图 3.5　珠宝变电站现场效果图

变电站建筑风格由合建建筑方统一设计。

5.结 构

变电站结构由合建建筑方统一设计。

（1）设计基本条件。

本站址地震基本烈度为7度。深圳地区50年一遇风压为0.75 kN/m²，对应的风速为34.64 m/s。地面粗糙度为B类。

变电站结构抗震设防措施、结构安全等级、设计使用年限等级与合建建筑主体结构一致。

（2）建筑物。

变电站为现浇钢筋混凝土框架结构，砖墙围护。110 kV GIS室设置10 t吊车一部。抗震等级为框架二级。混凝土强度等级：基础部分为C35，主体部分为C35。框架填充墙采用灰砂砖。

（3）构筑物。

主变压器位于地上一层，基础为结构梁板，设置在地下室顶板上，采用油浸变压器，设油池。

每台主变压器挡油设施其容积按设备油量的20%设计，并能将事故油排入总事故油池。总事故油池的容量按其接入的最大一台主变压器的油量确定，并设置油水分离装置。

设备支架采用十二边形的多边形热镀锌钢管。设备支架基础采用C25现浇混凝土基础。

电缆沟采用钢筋混凝土沟道，过道路电缆沟盖板采用包角钢钢筋混凝土加重盖板。角钢需热镀锌。

（4）基础处理方案。

由于变电站结构位于合建建筑地下停车场正上方，因此基础处理方案由合建建筑方统一考虑。

（5）隔振设计。

变电站电磁设备为激振源，如主变压器、电抗器等，其激振频率一般为电源频率的2倍，大小为100 Hz及其倍数。

为避免电气设备与建筑结构产生共振，通过建立ABAQUS有限元分析模型，应校核：

①主变压器与变压器室楼板的共振频率。

②主变压器与变电站主体结构的共振频率。

③主变压器与合建建筑主体结构的共振频率。

（6）隔振构造措施。

①自锁螺栓，应用于10 kV开关柜、二次屏柜等。

②弹簧隔振装置，应用于自重较小的设备，如电抗器等。

③橡胶垫隔振装置，应用于自重较大的设备，如主变压器等。

6.通风系统

根据中国南方电网公司标准设计的要求：主控制室及通信室、10 kV室配置空调。风机配置应满足运行及事故后排烟要求。

（1）主变压器通风。

主变压器室一面对外，采用下部进风、上部排风的风道设计方案。主变压器室风路示意图如图3.6所示。

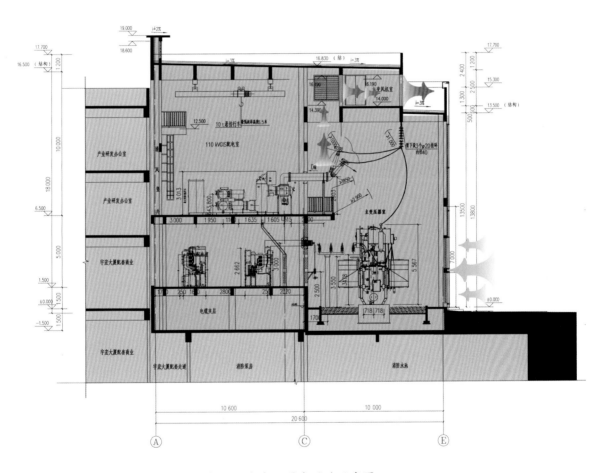

图 3.6 主变压器室风路示意图

（2）电容器通风。

采用百叶窗自然进风，轴流风机机械排风，满足设备正常运行及事故后排烟的要求。

（3）110 kV GIS室通风。

根据通风设计规程，配置进风、排风，满足设备正常运行及事故后排烟要求。独立配置低位SF₆排风口。

（4）主控制室及通信室、10 kV室通风。

主控制室及通信室、10 kV室根据事故后排烟需要配置风机。

7.消防设计

（1）火灾危险性分析。

根据《建筑设计防火规范》（GB 50016—2014），按主要设备室的工艺设备特点，对主要设备室的火灾危险性进行分类，见表3.2。

表 3.2　主要设备室火灾危险性分类

序号	主要设备室	主要电气设备	火灾危险性	耐火等级
1	主变压器室	油浸式变压器	丙	二级
2	110 kV 配电装置室	GIS 组合电器	丁	二级
3	10 kV 配电装置室	金属铠装移开式高压开关柜	丁	二级
4	10 kV 无功补偿设备室	油浸式电容器	丙	二级
5	10 kV 站用变压器室、接地变压器室	环氧树脂浇注干式变压器	丁	二级
6	电缆夹层室	电缆	丁	二级

（2）防火分隔。

变电站应使用不开设门窗洞口的防火墙与合建建筑进行分隔，各层防火分区如图3.7~3.10所示。

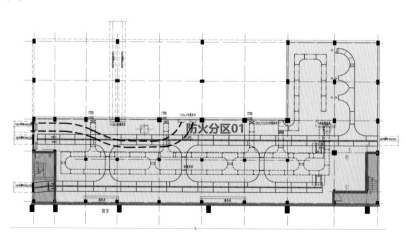

图 3.7　−1.50 m 层防火分区图

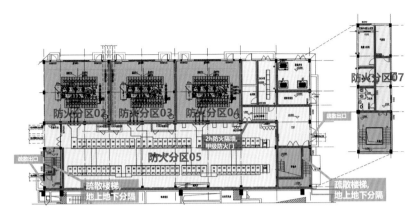

图 3.8 +1.50 m 层防火分区图

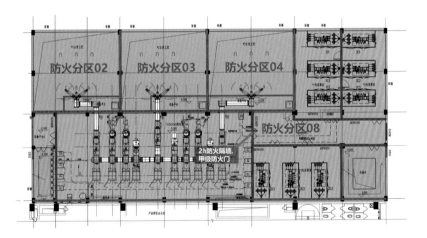

图 3.9 +6.50 m 层防火分区图

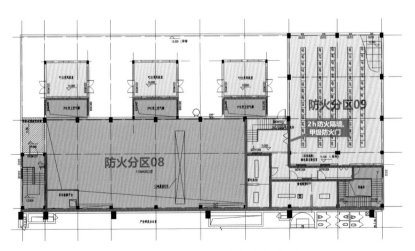

图 3.10 +11.50 m 层防火分区图

①地上部分的防火分区建筑面积不应大于2 000 m²，地下部分防火分区建筑面积不应大于1 000 m²。

②各设备间使用耐火极限不低于2.0 h的不燃烧体隔墙、不低于1.5 h的不燃烧体楼板和甲级防火门形成独立的防火单元。

③每台主变压器单独成室，各室之间使用防火墙进行分隔。主变压器室的开口应直接通向室外，入口处使用的卷帘的耐火完整性不低于3 h。

（3）疏散设施的设计。

根据《建筑设计防火规范》（GB 50016—2014）和《火力发电厂与变电站设计防火标准》（GB 50229—2019）的要求：

①变电站两侧外墙各设一个直通室外的楼梯，满足各层疏散距离要求。

②除卫生间外，所有房间门均向疏散方向开启。除主变压器室外，其余建筑面积大于60 m²的房间均有2个疏散门。

③地下室与地上层共用疏散楼梯间时，在首层与地下层的出入口处，设置耐火极限不低于2.0 h的隔墙和乙级防火门分隔，并应有明显标志。

（4）消防构造。

①变电站南侧紧邻合建建筑宇宏大厦1栋北侧产业研发用房，贴邻处各设防火墙分隔，如图3.11所示。

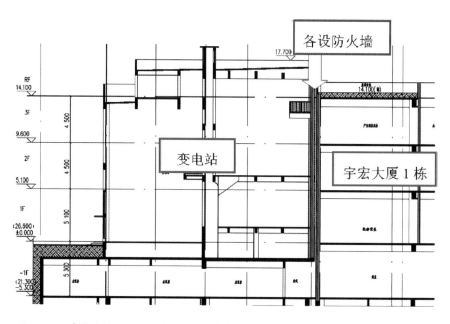

图 3.11　珠宝变电站防火墙设置图（单位：高度单位为 m；其他单位为 mm）

②变电站下方为宇宏大厦停车场，通过不设孔洞的楼板分隔，楼板耐火极限为1.5 h，如图3.12所示。

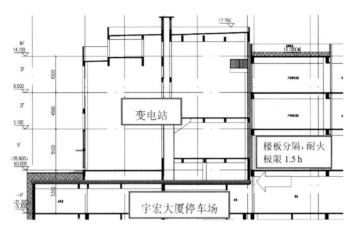

图 3.12　珠宝变电站楼板分隔设置图

③变电站高度为17.28 m，宇宏大厦1栋高度为14.58 m，贴邻处变电站外墙比宇宏大厦高出部分设为防火墙，如图3.13所示。

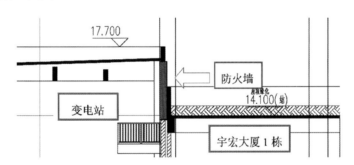

图 3.13　珠宝变电站防火墙设置图（单位：m）

④变电站与宇宏大厦贴邻处，变电站女儿墙设为防火墙，如图3.14所示。

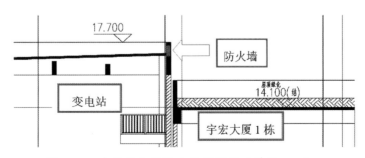

图 3.14　珠宝变电站防火墙设置图（单位：m）

⑤电缆从室外进入室内的入口处、电缆竖井的出入口处及主控制室与电缆层之间，应采取防止电缆火灾蔓延的阻燃及分隔措施：

a. 采用防火隔墙或隔板，并用防火材料封堵电缆通过的孔洞。

b. 电缆局部涂防火涂料或局部采用防火带、防火槽盒。

⑥内部装修材料耐火等级均应为A级。

（5）消防报警。

全站设置一套火灾自动报警系统。变电站火灾报警主机采用三重报警方式，将变电站火灾报警信号分别送至供电局消防控制中心、合建建筑消防控制中心；变电站火灾报警主机同步接收合建建筑的火灾报警信号，并将信号送至供电局消防控制中心。

全站设置一套火灾报警集中控制器及消防联动扩展柜，布置于警传室。消防火灾报警信号接入变电站计算机监控系统。火灾报警集中控制器配备控制和显示主机，设有手动和自动选择器，消防联动扩展柜可直接控制其联动设备，并可以显示启动、停止、故障信号。消防及火灾自动报警系统具有与计算机监控系统通信的接口，远方控制中心可以对消防及火灾自动报警系统进行监控。在站内主变压器、电缆竖井、电缆夹层、电缆桥架及电缆沟等处敷设感温电缆；GIS设备间采用红外光束感烟探测器；其他设备房间采用点型感烟探测器。火灾探测器选用及布置满足《火灾自动报警系统设计规范》（GB 50116—2013）。

（6）消防设施。

①室外消火栓系统。

室外消火栓系统由合建建筑方统一设计。

②室内消火栓系统。

本变电站内应设置室内消火栓系统。《消防给水及消火栓系统技术规范》（GB 50974—2014）第 3.5.2 条规定，二类高层公共建筑的室内消火栓的用水量不应小于 20 L/s，每根竖管的流量不应小于 10 L/s，同时使用的消防水枪数不应少于 4 支。《火力发电厂与变电站设计防火标准》（GB 50229—2019）第 11.5.6 条规定，变电站内建筑高度在 24~50 m 的主控通信楼、配电装置楼、继电器室、变压器室、电容器室、电抗器室等，室内消火栓的用水量不应小于 25 L/s，每根竖管的流量不应小于 15 L/s，同时使用的消防水枪数不应少于 5 支，每支水枪流量不应小于 5 L/s。

综合以上规定，本项目室内消火栓的用水量不应小于 20 L/s，每根竖管的流量不应小于 10 L/s，同时使用的消防水枪数不应少于 4 支。室内消火栓箱内建议配置消防软管卷盘，以便于工作人员及时扑救早期火灾。

（7）灭火器。

本项目中附建式变电站应按照《火力发电厂与变电站设计防火标准》第 11.5.17 条的规定配置灭火器。在主变压器室附近配置规格为 50 kg/台的推车式磷酸铵盐干粉灭火器，在室内设备室配置规格为5 kg/具的手提式磷酸铵盐干粉灭火器。

（8）自动灭火系统。

自动灭火系统的配置见表3.3。

表 3.3　主要设备房间自动灭火系统的配置类型

设备室名称		自动灭火系统类型
主变压器室	油浸变压器室	水喷雾灭火系统
其他电气设备间	电容器室	气体灭火系统
	10 kV 开关柜室	—
	110 kV GIS 室	—
	继电器及通信室	—
	蓄电池室	—
电缆层和电缆竖井		—

（9）消防道路。

消防道路利用市政路。

（10）消防水泵房、消防水池及水源。

①消防水泵房由变电站独立设置。消防水池由合建建筑方统一设计。

②变电站消防给水量应按火灾时一次最大室内和室外消防用水量之和计算。

3.1.2　电气部分

1.工程建设规模

本工程建设规模见表3.4。

表 3.4　珠宝变电站建设规模

项目	本期规模	最终规模
主变压器	$3 \times 63 \, MV \cdot A$	$3 \times 63 \, MV \cdot A$
110 kV 出线回路数	共 4 回，电缆出线（2 回至 220 kV 水贝站；1 回至 110 kV 笋岗站；1 回备用）	共 4 回，电缆出线（2 回至 220 kV 水贝站；1 回至 110 kV 笋岗站；1 回备用）
10 kV 出线回路数	3×16 回	3×16 回
无功补偿电容器组	$3 \times (3 \times 5\,010)$ kvar	$3 \times (3 \times 5\,010)$ kvar

2.电气主接线

110 kV上接线本期和终期均采用单母线断路器分段接线，#2主变压器跨接在两段母线上。终期3回110 kV主变压器架空进线，4回电缆出线；本期3回110 kV主变压器架空进线，3回电缆出线，1回备用，即：2回至220 kV水贝站，1回至110 kV笋岗站。珠宝变电站配置接线图如图3.15所示。

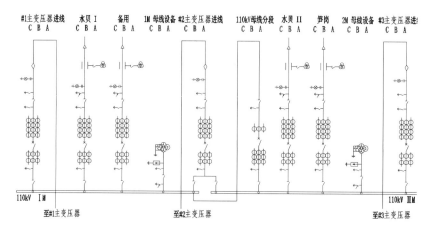

图 3.15 珠宝变电站配置接线图

3.主设备选择

电气主设备按国产、优质、小型化、低损耗、低噪声及安全经济的原则选择。

当贴邻合建建筑高度在100 m以下时，把贴邻附建式变电站视为合建建筑的裙房部分，变电站采用常规设备，火灾危险性分类属于丙类，防火设计按丙类工业厂房设计；设备房间的消防措施按《火力发电厂与变电站设计防火标准》（GB 50229—2019）执行。

（1）主变压器。

变电站新建3台63 MV·A的变压器，主变压器选用油浸式变压器，为低损耗三相一体双卷油浸自冷型有载调压变压器，如图3.16所示。

额定容量：63 MV·A。

电压等级：110 ± 8 × 1.25%/10.5 kV。

接线方式：YN，d11。

阻抗电压：U_k=16%。

附套管电流互感器：

 110 kV侧：LRB–110，500–1000/1A，5P40，40 V·A，2组；

     LR–110，500–1000/1A，0.5S，20 V·A，1组。

 110 kV侧中性点：LRB–110，100–300/1A，5P20，20 V·A，3只。

中性点绝缘水平：63 kV。

调压方式：配油浸有载调压开关。

主变压器中性点隔离开关：GW13–72.5（W）/ 630A。

主变压器中性点避雷器：Y（1.5）W（5）–（72）/（186）。

图 3.16 油浸自冷型有载调压变压器现场照片

（2）无功补偿装置。

本站无功补偿装置选用成套框架油浸式电容器组，为限制涌流和谐波分量，在每组电容器电源侧串接5%的干式铁芯串联电抗器。串联电抗器选用户内干式铁芯设备。每台主变压器配置3×5 010 kvar无功补偿装置，终期配置无功补偿容量为3×（3×5 010）kvar，本期配置无功补偿容量为3×（3×5 010）kvar。油浸式并联电容器现场照片如图3.17所示。

图 3.17 油浸式并联电容器现场照片

（3）其他各级配电装置。

110 kV配电装置选用110 kV户内GIS设备；10 kV配电装置选用中置式开关柜，内配真空断路器。站用变压器选择干式设备，单台容量为200 kV·A。380/220 V配电屏选用智能式低压开关柜。10 kV接地变压器选用干式接地变压器，其容量为420 kV·A。

4.变电站布置

（1）总体布置。

本站与宇宏地产的宇宏大厦贴邻布置，采用户内变电站布置形式，在站区中央仅设一栋配电装置楼，布置在宏宇大厦地下车库正上方，所有电气设备均布置在配电装置楼内。

3台主变压器呈一字形布置于综合楼北侧，主变压器散热器挂于主变压器本体上，与主变压器本体布置在同一房间内，主变压器110 kV侧采用架空进线，经架空线连接至+6.50 m层的110 kV GIS主变压器进线间隔。10 kV侧采用铜排母线桥出线。紧靠配电装置楼一字型布置，自西向东依次布置#1～#3主变压器，事故油池布置于站区东北角。

配电装置楼共4层，每层布置情况如下：

地下一层（−1.50 m层）为电缆夹层，地面标高为−1.50 m，层高为3.00 m，−1.5m层/C10 kV高压室，如图3.18所示。

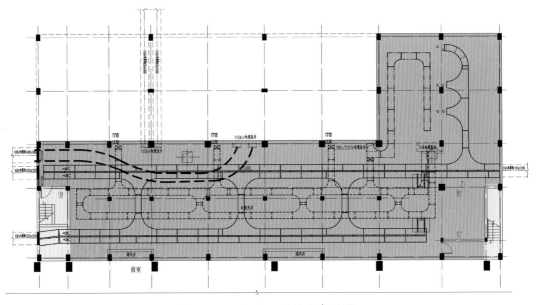

图 3.18 −1.50 m 层平面布置图

地上一层（0.00 m层）主要为主变压器室、站用电室、消防控制室，如图3.19所示。

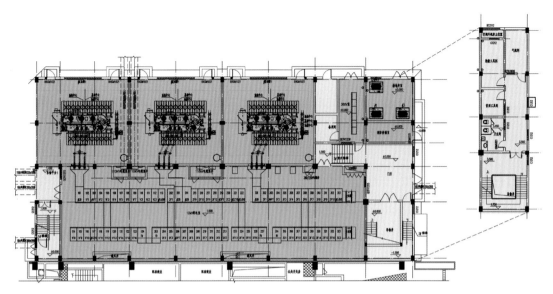

图 3.19　0.00 m 和 +1.50 m 层平面布置图

地上二层（+6.50 m层）主要为110 kV GIS室、电容器室，如图3.20所示。

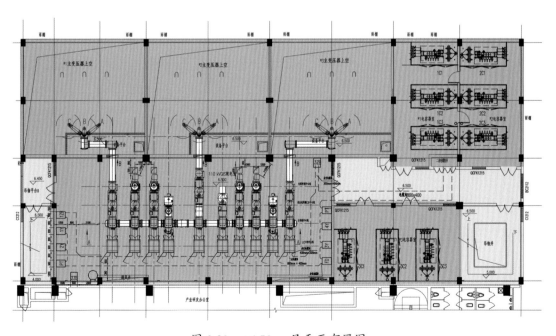

图 3.20　+6.50 m 层平面布置图

地上三层（+11.50 m层）主要为继电器及通信室、蓄电池室，如图3.21所示。

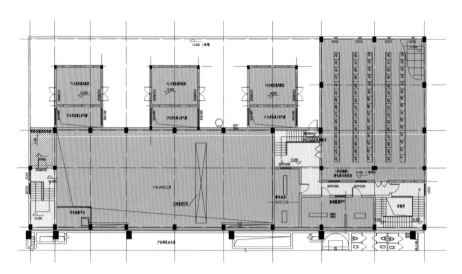

图 3.21　+11.50 m 层平面布置图

变电站断面图如图3.22所示。

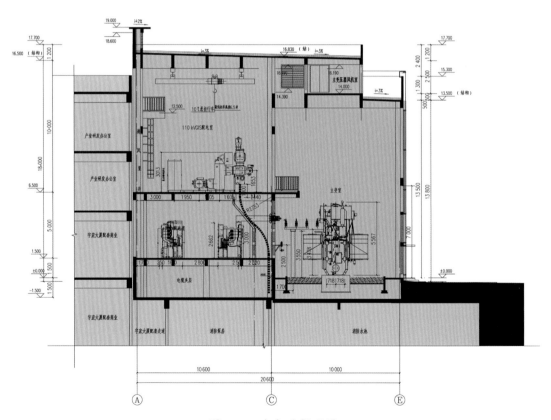

图 3.22　变电站断面图

（2）110 kV配电装置。

110 kV配电装置采用户内GIS设备，布置在变电站+6.50 m层的110 kV配电装置室内。110 kV GIS两侧设置安装检修和巡视通道，主通道宜靠近断路器侧，宽度不小于2 000 mm，巡视通道宽度不小于1 000 mm。

吊物孔布置于110 kV GIS室内东侧，GIS设备通过变电站东侧设备运输通道进入+1.50 m层室内吊物孔，吊装至+6.50 m层转入110 kV GIS室。吊物孔及变电站东侧设备搬运大门最大尺寸需满足GIS设备最大运输单元尺寸要求。

根据系统规划，结合配电装置布置，110 kV配电装置终期共4回电缆出线，间隔从西至东依次为：备用、水贝Ⅰ回、笋岗线、水贝Ⅱ回。

（3）10 kV配电装置。

10 kV配电装置采用金属铠装移开式高压开关柜，按双列布置，每列开关柜布置需满足柜前及柜后操作、巡视通道要求。由于10 kV开关柜进出电缆较多，为方便走线，将10 kV开关柜布置于变电站+1.50 m层10 kV配电装置室内，下设电缆夹层。

10 kV站用变压器选用干式铁芯柜式结构布置于10 kV配电装置室内，连接至10 kV Ⅰ段和ⅡB段母线上。

10 kV小电阻成套装置采用干式设备布置于+1.50 m层接地变压器室内。

10 kV无功补偿装置采用油浸式电容器组布置在+6.50 m层的电容器室内，通过变电站东侧设备运输通道进入+1.50 m层室内吊物孔，吊装至+6.50 m层转入电容器室内。

（4）主变压器、大门及站内道路。

本站终期按3台63 MV·A主变压器设计，所有配电装置均户内布置。将3台主变压器按一字形布置，在配电装置楼北侧±0.00层，主变压器室大门直接朝向道路侧。通过与合建建筑协调、配合，综合考虑各设备的布置、运输、通风等。

变电站不设大门。

（5）电缆走向。

4回110 kV出线全部采用电缆向西出线，西侧共设置2条1.4 m×1.0 m 110 kV电缆沟。10 kV馈线采用电缆出线，分别从电缆夹层向东、西两侧电缆出线，东侧设置1条1.2 m×1.2 m 10 kV沟出线，西侧设置2条1.2 m×1.2 m 10 kV沟出线。

3.2 秋悦变电站[①]

3.2.1 土建部分

秋悦变电站终期采用3台63 MV·A主变压器，110 kV出线4回，10 kV出线48回，无功补偿装置采用动态无功补偿SVG装置3×（2×7 500）kvar。

---

① 案例设计时间：2020年10月。

变电站东、北两侧外墙与合建建筑贴邻。

1.合建建筑情况

平安财险大厦项目位于深圳市重点开发和建设的中心城区——福田区。福田中心区由一条中轴线贯穿并串联了一系列城市绿色休闲文化空间,该项目基地位于中轴线西侧。平安金融中心分为北塔和南塔,其中北塔高度为592.5 m,为深圳市最高楼宇、国内第二高楼宇;其东侧临近深圳会展中心,距深圳市政府直线距离不到3 km,如图3.23所示。

图 3.23　平安金融中心和平安财险大厦效果图

平安财险大厦地块面积约6 262.12 m²，塔楼东侧为办公区域，西侧布置裙房，西北侧为商业区，西南侧为110 kV变电站，由5层地下车库、5层裙楼、40层办公塔楼组成，塔楼高度为210.40 m。平安财险大厦为一类建筑，耐火等级为一级。平安财险大厦建筑效果图如图3.24所示。

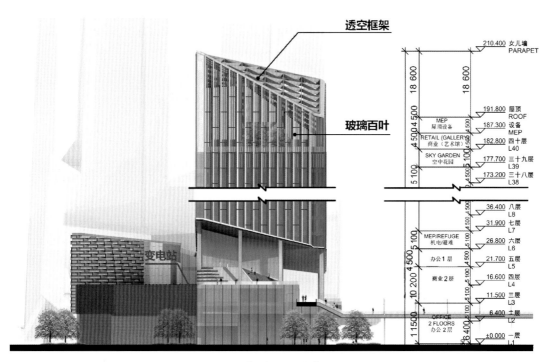

图 3.24　平安财险大厦建筑效果图

2.与合建建筑的相互关系

秋悦变电站不独立占地，位于平安财险大厦东南角裙房地下一层至地上三层，紧贴平安财险大厦北侧裙房（高度为26.80 m）及东侧塔楼（高度为210.40 m）布置，变电站靠近贴邻合建建筑之间不共墙，采用不开设门窗洞口的防火墙分隔，变电站配电装置楼正下方为平安财险大厦地下停车场。变电站与平安财险大厦的剖面图及相对位置图如图3.25和图3.26所示。

3.总平面介绍

秋悦变电站站内仅设置配电装置楼一座，配电装置楼占地面积为1 016 m²，建筑面积为3 485 m²（包括电缆间）。变电站主变压器采用无油设备，不设置事故油池。

变电站不设围墙、大门，化粪池与平安财险大厦共用，其总平面布置图如图3.27所示。

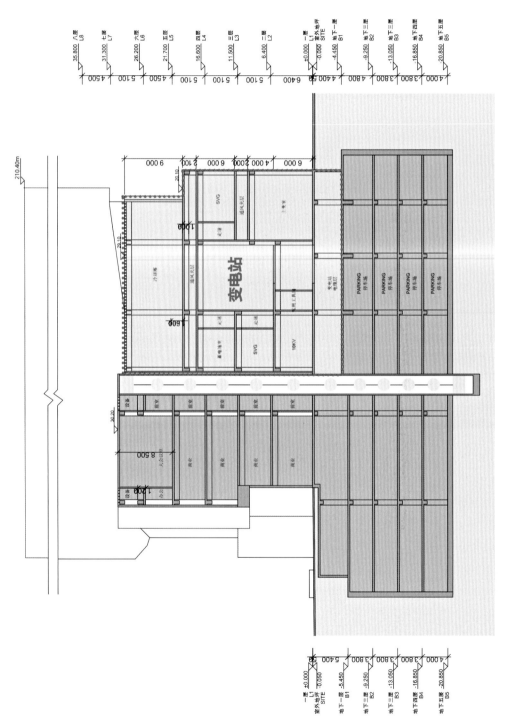

图 3.25 变电站与平安财险大厦剖面图

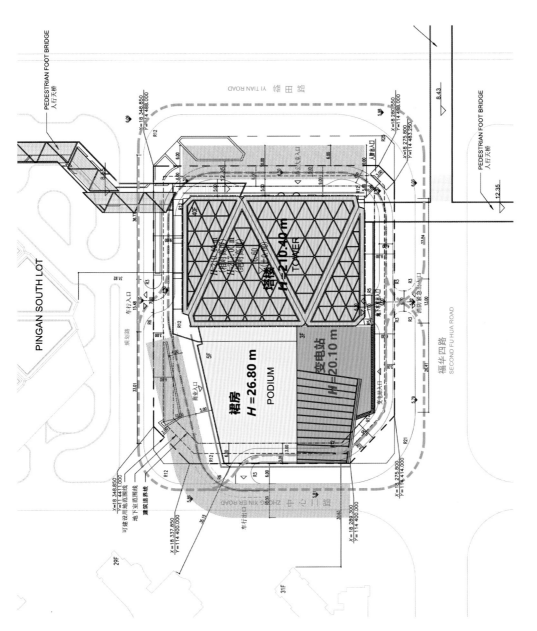

图 3.26 变电站与平安财险大厦相对位置图

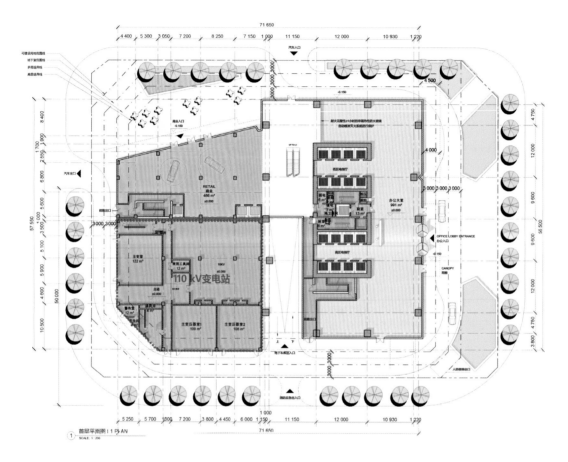

图 3.27　秋悦变电站总平面布置图

（1）竖向布置及建筑物室内标高。

站区竖向设计由平安财险大厦项目统一完成。变电站建筑物周边场地标高为 6.00～6.50 m，南边及西侧道路标高约6.20 m，室内±0.00标高为6.60 m。场地标高均大于50年一遇洪水位标高及周边道路标高，避免洪水及内涝影响；采用雨污分离的有组织排水方式，接入市政雨污管道系统。

（2）管沟布置。

变电站110 kV及10 kV均采用电缆向南、向西出线，共设2条1.4 m×1.0 m的110 kV电缆沟及3条1.2 m×1.2 m的10 kV电缆沟。

（3）进站道路。

整个地块设内部道路，与福华四路、中心二路相接。消防通道利用平安财险大厦内部道路，变电站由南侧福华四路进站。

（4）站内主要技术指标（表3.5）。

表 3.5　站内主要技术指标

编号	项目	单位	指标	备注
1	站址总用地面积	m²	1 016	—
2	总建筑面积	m²	3 485	—
3	建筑物占地面积	m²	1 016	—
4	电缆沟长度	m	0	—
5	围墙	m	0	—
6	绿化	m²	0	—

4.建筑风格

变电站建筑风格由合建建筑方统一设计。由于本变电站与民用建筑平安财险大厦贴邻，建筑外观采用玻璃幕墙并局部配有垂直绿化，建筑风格与周边环境融为一体，如图3.28所示。

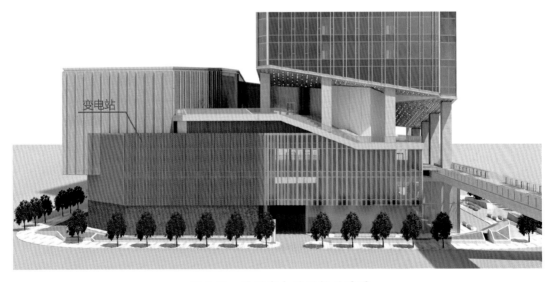

图 3.28　秋悦变电站现场效果图

5.结构

变电站结构由合建建筑方统一设计。

（1）设计基本条件。

抗震设防，本站址地震基本烈度为7度。深圳地区50年一遇风压0.75 kN/m²，对应的风速为34.64 m/s。地面粗糙度为B类。

变电站结构抗震设防措施、结构安全等级、设计使用年限等级与合建建筑主体结构一致。

（2）建筑物。

变电站为现浇钢筋混凝土框架结构，砖墙围护。110 kV GIS室设置10 t吊车一部。抗震等级为框架二级。混凝土强度等级：基础部分为C35，主体部分为C35。框架填充墙采用蒸压灰砂砖。

（3）构筑物。

主变压器位于地上一层，基础为结构梁板，采用SF_6气体变压器，不设油池。基础设置在地下室顶板上。

设备支架采用十二边形的多边形热镀锌钢管。设备支架基础采用C25现浇混凝土基础。

电缆沟采用钢筋混凝土沟道，过道路电缆沟盖板采用包角钢钢筋混凝土加重盖板。角钢需热镀锌。

（4）基础处理方案。

由于变电站结构位于合建建筑地下停车场正上方，因此基础处理方案由合建建筑方统一考虑。

（5）隔振设计。

变电站电磁设备为激振源，如主变压器、电抗器等，其激振频率一般为电源频率的2倍，大小为100 Hz及其倍数。

为避免电气设备与建筑结构产生共振，通过建立ABAQUS有限元分析模型，应校核：

①主变压器与变压器室楼板的共振频率。

②主变压器与变电站主体结构的共振频率。

③主变压器与合建建筑主体结构的共振频率。

（6）隔振构造措施。

①自锁螺栓，应用于10 kV开关柜、二次屏柜等。

②弹簧隔振装置，应用于自重较小的设备，如电抗器等。

③橡胶垫隔振装置，应用于自重较大的设备，如主变压器等。

6.排烟及通风系统

根据中国南方电网公司标准设计的要求：主控制室及通信室，10 kV配电室配置空调。风机配置应满足运行及事故后排烟要求。

（1）主变压器通风。

主变压器室一面对外，采用下部进风、上部排风的风道设计方案，如图3.29所示。

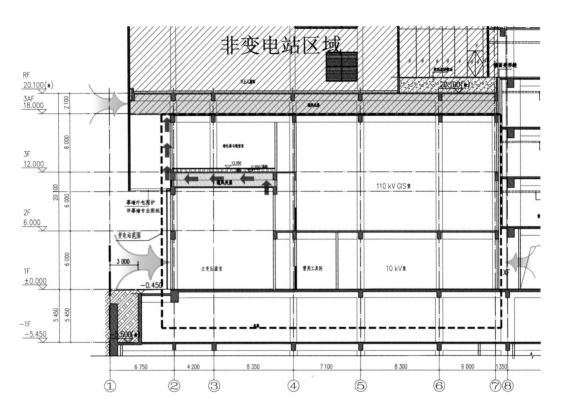

图 3.29 主变压器风路示意图（单位：m）

（2）SVG通风。

风机配置应满足运行及事故后排烟要求。

单组SVG功率柜与电抗器柜并排布置。本项目共6组SVG设备，集中布置于+10.0 m层SVG室。

本项目无功补偿SVG设备采用风冷方式。SVG热量通过风管直接排放到合建建筑的总风道中。

（3）110 kV GIS室通风。

根据通风设计规程，配置进风、排风，满足设备正常运行温度要求及事故后排烟需要。

独立配置低位SF₆排风口。

（4）主控制室及通信室、10 kV配电室通风。

主控制室及通信室、10 kV配电室根据事故后排烟需要配置风机。

7.消防设计

（1）火灾危险性分析。

根据《建筑设计防火规范》（GB 50016—2014），按主要设备室的工艺设备特点，对主要设备室的火灾危险性进行分类，见表3.6。

表 3.6　主要设备室火灾危险性分类

序号	主要设备室	主要电气设备	火灾危险性	耐火等级
1	主变压器室	SF_6 气体变压器	丁	一级
2	110 kV 配电装置室	GIS 组合电器	丁	一级
3	10 kV 配电装置室	金属铠装移式高压开关柜	丁	一级
4	10 kV 无功补偿设备室	SVG 动态无功补偿	丁	一级
5	10 kV 站用变压器室、接地变压器室	环氧树脂浇注干式变压器	丁	一级
6	电缆夹层室	电缆	丁	一级

（2）防火分隔。

变电站应使用不开设门窗洞口的防火墙与合建建筑进行分隔，如图3.30~3.33所示。

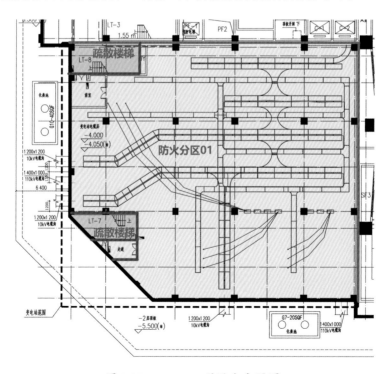

图 3.30　−4.00 m 层防火分区图

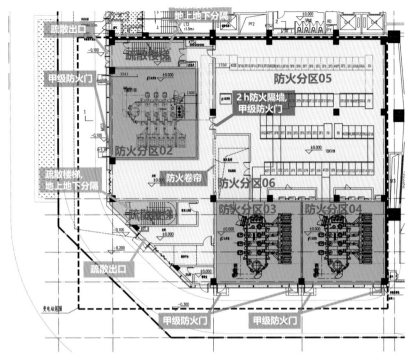

图 3.31 +0.00 m 层防火分区图

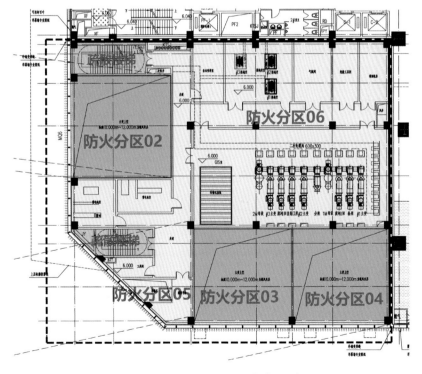

图 3.32 +6.00 m 层防火分区图

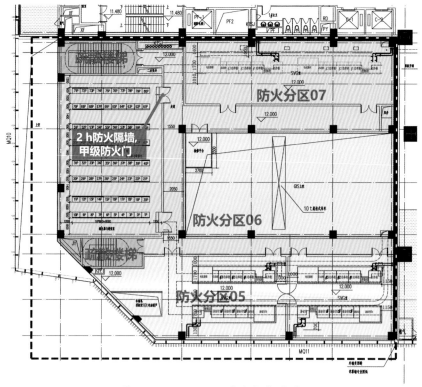

图 3.33　+12.00 m 层防火分区图

地上部分的防火分区建筑面积不应大于 2 000 m²，地下部分防火分区建筑面积不应大于 1 000 m²。

各设备间使用耐火极限不低于 2.0 h 的不燃烧体隔墙、不低于 1.5 h 的不燃烧体楼板和甲级防火门形成独立的防火单元。

每台主变压器单独成室，之间使用防火墙进行分隔。主变压器室的开口应直接通向室外，入口处使用的卷帘的耐火完整性不低于 3 h。

（2）疏散设施的设计。

根据《建筑设计防火规范》（GB 50016—2014）和《火力发电厂与变电站设计防火标准》（GB 50229—2019）的要求：

变电站西北角和西南角外墙各设一个直通室外的出口，以使首层的疏散距离满足要求。

除卫生间外，所有房间门均向疏散方向开启。除主变压器室外，其余建筑面积大于 60 m² 的房间均有 2 个疏散门。

地下室与地上层共用疏散楼梯间时，在首层与地下层的出入口处，设置耐火极限不低于 2.0 h 的隔墙和乙级防火门隔开，并应有明显标志。

（3）消防构造。

①变电站东侧紧邻合建建筑平安财险大厦东北侧塔楼，贴邻处各设一道防火墙分隔，如图3.34所示。

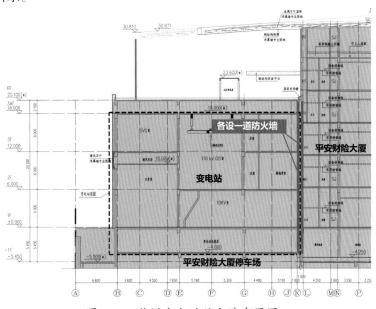

图 3.34 秋悦变电站防火墙布置图

②变电站下方为平安财险大厦地下停车场，通过不设孔洞的楼板分隔，楼板耐火极限为1.5 h，如图3.35所示。

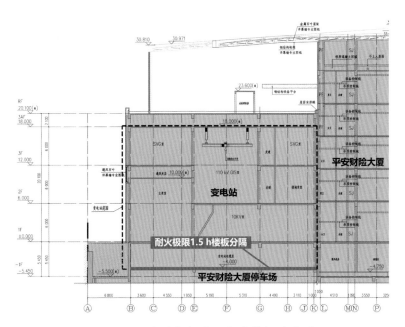

图 3.35 秋悦变电站防火墙楼板设置图

③变电站高度为20.10 m，平安财险大厦东北侧塔楼高度为210.40 m，贴邻处平安财险大厦东北侧塔楼比变电站屋面高出15 m部分设为防火墙，如图3.36所示。

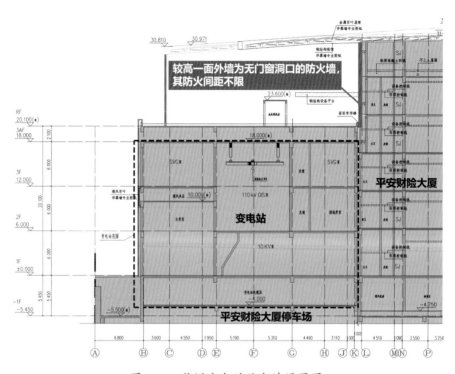

图 3.36　秋悦变电站防火墙设置图

④电缆从室外进入室内的入口处、电缆竖井的出入口处及主控制室与电缆层之间，应采取防止电缆火灾蔓延的阻燃及分隔措施：

a. 采用防火隔墙或隔板，并用防火材料封堵电缆通过的孔洞。

b. 电缆局部涂防火涂料或局部采用防火带、防火槽盒。

⑤内部装修材料耐火等级均应为A级。

（4）消防报警。

全站设置一套火灾自动报警系统。变电站火灾报警主机采用三重报警方式，将变电站火灾报警信号分别送至供电局消防控制中心、合建建筑消防控制中心；变电站火灾报警主机同步接收合建建筑的火灾报警信号，并将信号送至供电局消防控制中心。

全站设置一套火灾报警集中控制器及消防联动扩展柜，布置于警传室。消防火灾报警信号接入变电站计算机监控系统。火灾报警集中控制器配备控制和显示主机，设有手动和自动选择器，消防联动扩展柜可直接控制其联动设备，并可以显示启动、停止、故障信号。消防及火灾自动报警系统具有与计算机监控系统通信的接口，远方控制中心可以对消防及火灾自动报警系统进行监控。在站内主变压器、电缆竖井、电缆夹层、电缆桥架及电缆沟等处敷设感温电缆；GIS设备间采用红外光束感烟探测器；其他设备房间采用点型感烟探测器。火灾探测器选用及布置满足《火灾自动报警系统设计规范》（GB 50116—2013）。

（5）消防设施

①室外消火栓系统。

室外消火栓系统由合建建筑方统一设计。

②室内消火栓系统。

本变电站内应设置室内消火栓系统。《消防给水及消火栓系统技术规范》（GB 50974—2014）第3.5.2条规定，二类高层公共建筑的室内消火栓的用水量不应小于10 L/s，每根竖管的流量不应小于10 L/s，同时使用的消防水枪数不应少于2支。《火力发电厂与变电站设计防火标准》（GB 50229—2019）第11.5.6条规定，变电站内建筑高度在24~50 m的主控通信楼、配电装置楼、继电器室、变压器室、电容器室、电抗器室等，室内消火栓的用水量不应小于25 L/s，每根竖管的流量不应小于15 L/s，同时使用的消防水枪数不应少于5支，每支水枪流量不应小于5 L/s。

综合以上规定，本项目室内消火栓的用水量不应小于10 L/s，每根竖管的流量不应小于10 L/s，同时使用的消防水枪数不应少于2支。室内消火栓箱内建议配置消防软管卷盘，以便于工作人员及时扑救早期火灾。

③灭火器。

本项目附建式变电站应按照《火力发电厂与变电站设计防火标准》第11.5.17条的规定配置灭火器。在主变压器室附近配置规格为50 kg/台的推车式磷酸铵盐干粉灭火器，在室内设备室配置规格为5 kg/具的手提式磷酸铵盐干粉灭火器。

④自动灭火系统的配置类型（表3.7）。

表3.7 主要设备房间自动灭火系统的配置类型

设备室名称		自动灭火系统类型
主变压器室	SF$_6$变压器室	气体灭火系统
其他电气设备间	动态无功补偿SVG装置	气体灭火系统
	10 kV开关柜室	气体灭火系统
	110 kV GIS室	气体灭火系统
	继电器及通信室	气体灭火系统
	蓄电池室	气体灭火系统
电缆层和电缆竖井		气体灭火系统

⑤消防道路。

消防道路利用市政路和平安财险大厦内部道路。

（6）消防水泵房、消防水池及水源。

①消防水泵房、消防水池由合建建筑方统一设计。

②变电站消防给水量应按火灾时一次最大室内和室外消防用水量之和计算。

3.2.2 电气部分

1.工程建设规模

建设规模见表3.8。

表 3.8 秋悦变电站建设规模

项目	本期规模	最终规模
主变压器	$2 \times 63\,\mathrm{MV \cdot A}$	$3 \times 63\,\mathrm{MV \cdot A}$
110 kV 出线回路数	共 3 回，电缆出线 （2 回至 220 kV 滨河站； 1 回至 110 kV 皇岗站； 1 回备用）	共 4 回，电缆出线 （2 回至 220 kV 滨河站； 1 回至 110 kV 皇岗站； 1 回备用）
10 kV 出线回路数	3×16 回	3×16 回
无功补偿 SVG 装置	$3 \times（2 \times 7\,500）$ kvar	$3 \times（2 \times 7\,500）$ kvar

2.电气主接线

110 kV 接线本期和终期均采用单母线断路器分段接线，#2主变压器跨接在两段母线上。终期3回110 kV主变压器架空进线，4回电缆出线；本期2回110 kV主变压器架空进线，3回电缆出线，1回备用，即2回至220 kV滨河站，1回至110 kV皇岗站，如图3.37所示。

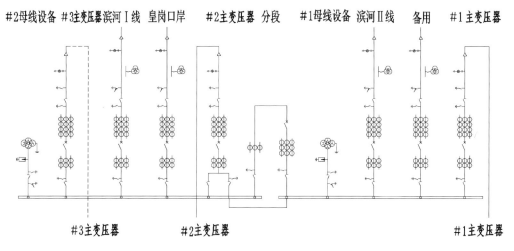

图 3.37　秋悦变电站 110 kV 主接线图

3.主设备选择

当贴邻合建建筑高度在100 m及以上时，把贴邻附建式变电站视为合建建筑的附属部分，火灾危险性分类属于丁类，防火设计按丙类工业厂房设计，所有设备房间均应设置自动灭火设施。

常规变电站中主要电气设备仅主变压器和电容器组含油，不满足丁类火灾危险性的要求，因此本工程主变压器采用SF$_6$气体变压器，无功补偿采用SVG设备。

（1）主变压器。

主变压器选用110 kV低损耗三相双卷风冷有载调压型SF$_6$气体变压器，如图3.38所示。

额定容量：63 MV·A。

电压等级：110 ± 8 × 1.25%/10.5 kV。

接线方式：YN，d11。

阻抗电压：U_k = 16%。

附套管电流互感器：

    110 kV侧：LRB-110，500-1000/1A，5P40，40 V·A，2组。

               LR-110，500-1000/1A，0.5S，20 V·A，1组。

    110 kV侧中性点：LRB-110，100-300/1A，5P20，20 V·A，3只。

中性点绝缘水平：63 kV。

调压方式：配油浸有载调压开关。

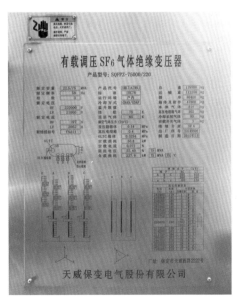

图 3.38　SF$_6$气体变压器实例照片

主变压器中性点隔离开关：GW13-72.5（W）/630A。

主变压器中性点避雷器：Y（1.5）W（5）-（72）/（186）。

（2）无功补偿装置。

10 kV无功补偿装置采用水冷式SVG静止型动态无功补偿装置，如图3.39所示。

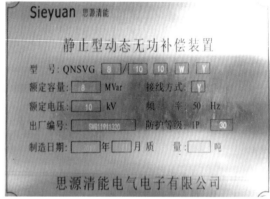

图 3.39　水冷 SVG 实例照片

（3）其他配电装置。

电气主设备按国产、优质、低损耗、低噪音及安全经济的原则选择。110 kV配电装置选用110 kV户内GIS设备；10 kV配电装置选用中置式开关柜，内配真空断路器。10 kV无功补偿装置选用动态无功补偿装置SVG。串联电抗器选用户内干式铁芯设备。站用变压器选择干式设备，单台容量400 kV·A。380/220 V配电屏选用智能式低压开关柜。10 kV接地变压器选用干式接地变，其容量为420 kV·A。

4. 变电站布置

（1）总体布置。

变电站与平安财险大厦合建，位于深圳市福田区福华四路与益田路西北角平安财险大厦负一层至地上三层，为贴邻附建式变电站。整个变电站平面形状呈不规则的四边异形平面，南侧及西侧为直接对外墙面，东侧及北侧与平安财险大厦贴邻连接（不共用墙体）。变电站标高范围为-4.00 ~ +18.00 m。+18.00 m为通风夹层，通风夹层上方即为屋面层，没有人员聚集的功能性房间。整个站区无围墙及进站大门。

本站终期按3台63 MV·A主变压器设计，所有配电装置均户内布置。根据变电站地形特点，无法将3台主变压器按常规一字形布置，故将3台主变压器按L形布置，南侧依次布置#1、#2主变压器，西侧布置#3主变压器，同时为了方便主变压器吊装与运输，将主变压器布置于±0.00 m层，且主变压器室大门直接朝向道路。

配电装置楼共4层，每层布置情况如下：

地下一层（–4.00 m层）为电缆夹层，电缆夹层地面标高为–4.00 m，层高为4 m，全站所有110 kV及10 kV电缆均通过电缆间与相应设备连接，如图3.40所示。

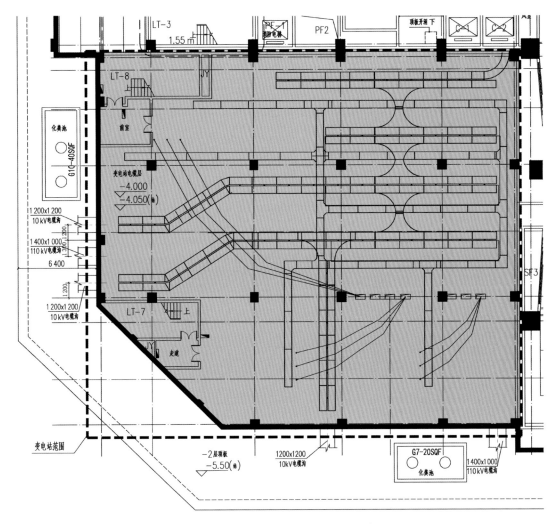

图 3.40　秋悦变电站 –4.00 m 层平面布置图

地上一层（+0.00 m层）布置有主变压器室（上空设2 m高通风夹层）、10 kV配电装置室、警传室。由于上层布置有110 kV GIS，为满足GIS运输通道要求，同时兼顾GIS二次电缆沟，本层层高设为6 m，如图3.41所示。

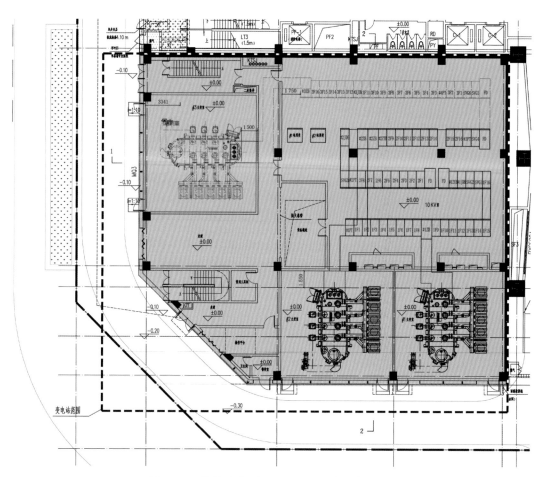

图 3.41　秋悦变电站 +0.00 m 层平面布置图

地上二层（+6.00 m层）布置有110 kV GIS室、蓄电池室、接地变室、气瓶间、常用工具间、绝缘工具间、排烟机房等，以及接地变、GIS等设备的吊物孔。除GIS室层高为12 m外，其余房间层高为6 m，如图3.42所示。

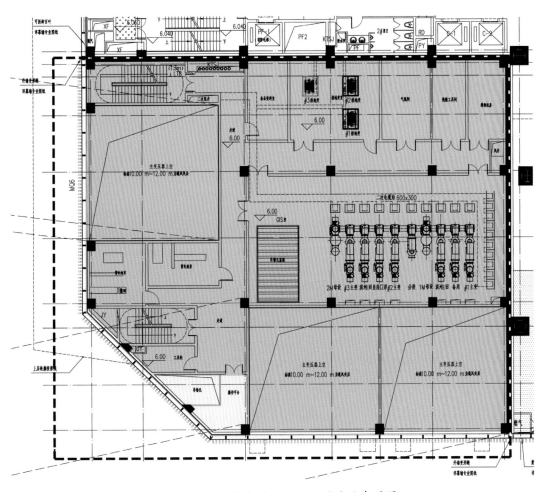

图 3.42　秋悦变电站 +6.00 m 层平面布置图

地上三层（+12.00 m层）布置有继电器及通信室、SVG室以及SVG设备吊物孔，层高为6 m，如图3.43所示。

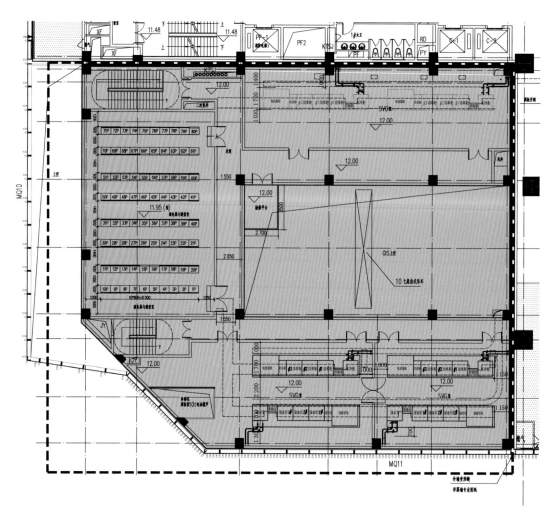

图 3.43　秋悦变电站 +12.00 m 层平面布置图

秋悦变电站断面图如图3.44所示。

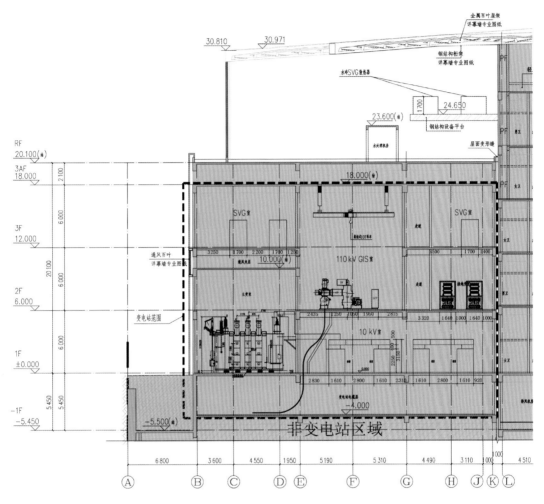

图 3.44 秋悦变电站断面图

（2）110 kV配电装置。

110 kV配电装置采用户内GIS设备，布置在变电站6.00 m层的110 kV配电装置室内。110 kV GIS两侧设置安装检修和巡视通道，主通道宜靠近断路器侧，宽度不小于2 000 mm，巡视通道宽度不小于1 000 mm。

吊物孔布置于110 kV GIS室内西侧，GIS设备通过变电站西侧设备运输通道进入±0.00 m层室内走廊，在10 kV配电装置室外旋转90°后，经10 kV室外上方吊物孔吊装入上层110 kV GIS室。吊物孔及变电站西侧设备搬运大门最大尺寸需满足GIS设备最大运输单元尺寸要求。

由于布置位置受限，主变压器与110 kV GIS进线间隔不能直接用软导线跳接，需采用电缆连接。

根据系统规划，结合配电装置布置，110 kV配电装置终期共4回电缆出线，间隔从西至东依次为：滨河Ⅰ回、皇岗口岸、滨河Ⅱ回、备用。

（3）10 kV配电装置。

10 kV配电装置采用金属铠装移开式高压开关柜，受地形条件限制，10 kV开关柜按四列布置，每列开关柜布置需满足柜前及柜后操作、巡视通道要求。由于10 kV开关柜进出电缆较多，为方便走线，将10 kV开关柜布置于变电站±0.00 m层10 kV配电装置室内，下设电缆夹层。

由于10 kV电流较大，若采用电缆与主变压器低压侧套管连接，需求的电缆截面及数量较大，且使电缆与10 kV进线柜的连接难度加大；因此，为避免上述问题，经综合分析、调整，现主变压器室与10 kV配电装置室毗邻布置，且与主变压器10 kV进线柜采用10 kV封闭母线桥连接。

10 kV站用变压器选用干式铁芯柜式结构布置于10 kV配电装置室内，连接至10 kV Ⅰ段和ⅡB段母线上。

10 kV小电阻成套装置采用干式设备布置于+6.00 m层接地变室内，小电阻成套装置通过110 kV GIS室吊物孔吊至+6.00 m层后，由110 kV GIS室大门运输至接地变压器室。

10 kV无功补偿装置采用水冷式SVG动态无功补偿装置，终期共6组。每组水冷SVG均由SVG本体及散热器组成，其中各组SVG本体均布置于变电站+12.00 m层 SVG室内，每两组一间。对应的散热器统一布置于变电站屋面+24.65 m层钢结构设备支架上。SVG本体与散热器之间通过水管连接，水管从SVG本体水冷柜出来，向上穿过SVG室顶板后在SVG室上层通风夹层内走线，至对应的散热器下方后穿过屋面层，与散热器连接。

（4）主变压器、大门及站内道路。

由于本站位于建筑物内，在变电站西北角及西南角各设置一个出入口，供日常运行维护、巡视检修人员使用；变电站西侧设置设备进出通道。

（5）电缆走向。

4回110 kV出线全部采用电缆出线方式，分别从电缆夹层向南、向西埋管至站外110 kV电缆沟，2回向南侧出线（1条1.4 m×1.0 m沟），2回向西侧出线（1条1.4 m×1.0 m沟）。10 kV馈线采用电缆出线，分别从电缆夹层向南、向西埋管至站外10 kV电缆沟，向南侧出线1条1.2 m×1.2 m 10 kV沟、向西侧出线2条1.2 m×1.2 m 10 kV沟。

第4章
下沉附建式变电站案例

变电站建筑贴邻或相邻其他民用建筑的地下室，与其共用下沉广场，并布置于下沉广场的开口部位，主变压器或高压侧电气设备室布置在下沉广场地面层，其他设备室布置在地下。正上方无其他建筑的变电站为下沉附建式变电站。

为满足人员疏散要求，变压器室采用丁类火灾危险性设计，主变压器大门设防火卷帘加水喷淋设施。

目前深圳已经投运的下沉附建式变电站有110 kV皇岗口岸变电站，正在施工的下沉附建式变电站有110 kV上沙变电站，其中110 kV上沙变电站也是贴邻附建式变电站。本章以这两座变电站为案例进行论述。

4.1 皇岗口岸变电站[①]

皇岗口岸变电站终期采用3×63 MV·A主变压器，110 kV出线4回，10 kV出线48回，无功补偿采用3×（3×5 010）kvar的框架式电容器。

变电站与深圳地铁7号线车站合建，共用下沉广场。

4.1.1 土建部分

1. 合建建筑情况

皇岗口岸变电站位于深圳市福田区皇岗口岸百合三路北侧约45 m，南侧紧邻深圳地铁7号线皇岗口岸B1号出入口，西侧约30 m为市政道路——同庆路，北侧为皇岗口岸的车行通道，如图4.1所示。110 kV皇岗口岸变电站是深圳目前第一个与地铁合建的开放式下沉附建式变电站。深基坑支护体系、土石方工程、接地、主体结构及防水等由地铁方代建，变电站土建工程于2013年底与地铁车站同时开工，2017年12月18日开始电气施工，2019年3月28日投产。

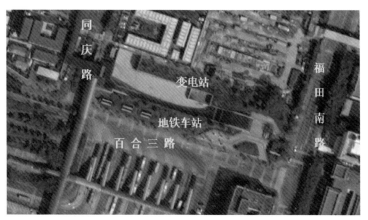

图 4.1　皇岗口岸变电站位置图

① 案例设计时间：2013年11月。

皇岗口岸变电站与地铁站车站合建，共用下沉式广场。地铁站厅人员出入、变电站主变压器及其他设备运输均利用下沉式广场。变电站鸟瞰图如图4.2所示。

图 4.2　皇岗口岸变电站鸟瞰图

2. 与合建建筑的相互关系

为适应深圳用地紧张的现状（尤其是福田中心区，用地更是紧张），有效解决皇岗口岸变电站的用地选址问题，提出将变电站与7号线皇岗口岸的车站站厅合建的设计思路，同时按下沉式变电站设计，创新地采用开放式结构，与地铁车站共用下沉式广场，变电站不设围墙、大门、警传室等。变电站紧邻地铁车站的B1出入口。

皇岗口岸地铁站为地下三层双柱三跨12 m岛式站台车站，全长164.00 m，宽度为60.15 m，基坑埋深约18.95 m，车站与皇岗地下变电站合建，共用基坑，中间设有下沉式广场。整体结构分为两期12个分区施工，顶板施工也按分区分为12块进行浇筑。

变电站开关楼共4层，均在地面层以下，埋深约−18.9500 m，其中：全埋地下2层，与地铁车站紧邻建设；下沉广场以上2层，楼梯均通过下沉广场进行疏散。在下沉广场处，变电站与地铁车站距离约18.2 m。变电站与地铁的剖面关系如图4.3所示。

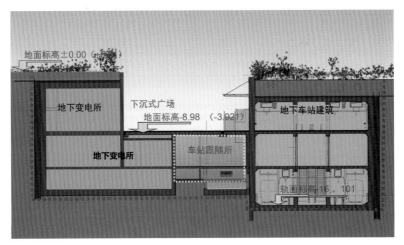

图 4.3 变电站与地铁的剖面关系

3. 总平面布置

皇岗口岸站不独立占地，不设围墙及大门。整个地块内不设环形道路，消防通道利用周边市政路，变电站进站道路引接自北侧口岸的车行道。变电站仅包括一栋开关楼，占地面积为1 606 m²，总建筑面积为4 526 m²。

（1）竖向布置方式和建筑物室内外设计标高的确定。

开关楼顶板标高−0.60 m，顶部覆土种植。

由于与地铁站合建，故各层楼板及顶板纵向均设0.2%纵坡。考虑开关楼覆土厚度为550~690 mm，并需保证开关楼的楼层与地铁站厅层标高一致，故站区设计场地标高暂定为5.010 m。采用有组织排水，确保变电站不受洪水和内涝影响。

（2）管沟布置。

110 kV出线从北侧电缆出配电装置楼，10 kV出线从北侧和东侧电缆出线。

（3）进站道路。

变电站地块内不设环形道路及围墙，消防通道利用周边市政路，变电站进站道路引接自北侧口岸的车行道。

（4）土建主要技术指标（表4.1）。

表 4.1 皇岗口岸站土建主要技术指标

序号	项目	单位	指标	备注
1	站区总用地面积	ha	0.193 088	—
2	混凝土地坪	m²	150	红线外平台占地
3	总建筑面积	m²	4 526	均为地下建筑面积
4	建筑物总占地面积	m²	1 606	—
5	站区围墙长度	m	0	—

4. 建筑风格

建筑物外墙（下沉广场侧）采用与地铁站外墙相同材料，外墙显著位置加以"中国南方电网"企业标识，突出行业建筑的可识别性，其外立面效果图如图4.4所示。

图 4.4　变电站外立面效果图

5. 结构

（1）变电站结构由合建建筑方统一设计。

开关楼为全地下钢筋混凝土框架结构，开关楼深基坑采用地下连续墙作为围护结构。由于与地铁站合建，开关楼基坑开挖深度均约20.05 m，基坑宽度为59.25 m，长度为108.3 m。屋面采用C30级混凝土现浇双坡梁板，覆土厚度在600 mm左右。

开关楼结构按抗震设防烈度7度进行抗震验算，8度采取抗震措施，抗震等级为二级，并在结构设计时采取相应的构造措施，以提高结构的整体抗震能力。变电站结构抗震设防措施、结构安全等级、设计使用年限等级与合建建筑主体结构一致。

（2）隔振设计。

变电站电磁设备为激振源，如主变压器、电抗器等，其激振频率一般为电源频率的2倍，大小为100 Hz及其倍数。

为避免电气设备与建筑结构产生共振，通过建立ABAQUS有限元分析模型，应校核：

①主变压器与变压器室楼板的共振频率。

②主变压器与变电站主体结构的共振频率。

③主变压器与合建建筑主体结构的共振频率。

（3）隔振构造措施。

①自锁螺栓，应用于10 kV开关柜、二次屏柜等。

②弹簧隔振装置，应用于自重较小的设备，如电抗器等。

③橡胶垫隔振装置，应用于自重较大的设备，如主变压器等。

6. 通风系统

根据中国南方电网公司标准设计的要求：主控制室及通信室，10 kV室配置空调。风机配置应满足运行及事故后排烟要求。

（1）主变压器通风。

主变压器室由于发热量巨大，设置排风机和消音百叶进风口，全年采用自然进风、机械排风方式排除设备余热。百叶进风口处附加防虫网及过滤网，如图4.5所示。

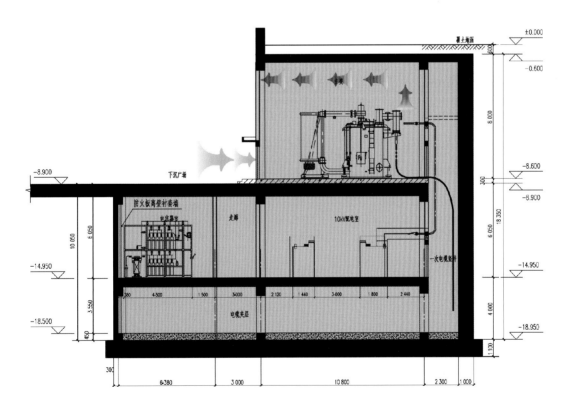

图 4.5　变电站通风示意图

（2）GIS室通风。

GIS室内含SF_6有毒气体，在室内高位及低位设置3台排风机及1台送风机。高位风机满足设备正常运行温度要求及事故后排烟需要；低位排风机按不小于2次换气次数选取。

（3）主控制室及通信室、10 kV室通风。

主控制室及通信室、10 kV室设置分体空调，空调按满足室内发热量配置，并根据事故后排烟需要配置风机。

7. 消防设计

（1）火灾危险性分析。

根据《建筑设计防火规范》（GB 50016—2014），按主要设备室的工艺设备特点，对主要设备室的火灾危险性进行分类，见表4.2。

表 4.2 主要设备室火灾危险性分类

序号	主要设备室	主要电气设备	火灾危险性	耐火等级
1	主变压器室	SF_6气体变压器	丁	一级
2	110 kV 配电装置室	GIS 组合电器	丁	二级
3	10 kV 配电装置室	金属铠装移开式高压开关柜	丁	二级
4	10 kV 无功补偿设备室	油浸式电容器	丙	二级
5	10 kV 站用变压器室、接地变压器室	环氧树脂浇注干式变压器	丁	二级
6	电缆夹层室	电缆	丁	二级

（2）防火分隔。

①各防火分区之间的主要设备室、楼梯间等均须用不燃烧材料的防火墙分隔，防火墙的耐火极限应不低于3 h。

②防火墙上的门应为甲级防火门，主要设备室、专业用房、楼梯间等处的门均按规范设置相应等级防火门，并向疏散方向开启。

③主变压器布置在开关楼内，主变压器室采用防火墙，该墙上不留洞口、不开门窗。

④外露的金属结构构件应涂防火涂料做保护层，耐火极限不低于1.0 h。

⑤所有防火阀、风机与火灾报警装置联动，火灾报警时，防火阀和风机按消防要求动作。

（3）消防构造。

开关楼建筑内的布置：变电站主要由地下一层至地下四层组成。地下一层主要有二次设备室，层高为4.4 m；地下二层主要有主变压器室、水泵房、消防控制室等，层高为4.1 m；地下三层主要有10 kV配电室、电容器室、气瓶间、站用变接地变室、GIS室、风机房及疏散楼梯间等，层高为6.0 m；地下四层主要有电缆夹层、消防水池、废水泵房、疏散楼梯间等，层高为3.45 m。

电气设备室及公共通道均按相关规范要求布置疏散出口，开关楼两端布置疏散楼梯，为防烟楼梯间，可以通达各层，向上直达地面。在电气设备之间或设备与建筑物之间不满足防火要求部位，设耐火极限满足3 h的防火隔墙，楼板为耐火极限满足1.5 h的防火楼板。

（4）消防报警。

全站设置一套火灾自动报警系统。变电站火灾报警主机采用三重报警方式，将变电站火灾报警信号分别送至供电局消防控制中心、合建建筑消防控制中心；变电站火灾报警主机同步接收合建建筑的火灾报警信号，并将信号送至供电局消防控制中心。

全站设置一套火灾报警集中控制器及消防联动扩展柜，布置于警传室。消防火灾报警信号接入变电站计算机监控系统。火灾报警集中控制器配备控制和显示主机，设有手动和自动选择器，消防联动扩展柜可直接控制其联动设备，并可以显示启动、停止、故障信号。消防及火灾自动报警系统具有与计算机监控系统通信的接口，远方控制中心可以对消防及火灾自动报警系统进行监控。在站内主变压器、电缆竖井、电缆夹层、电缆桥架以及电缆沟等处敷设感温电缆；GIS设备间采用红外光束感烟探测器；其他设备房间采用点型感烟探测器，火灾探测器选用及布置满足《火灾自动报警系统设计规范》（GB 50116—2013）。

（5）消防设施。

①室外消火栓系统。

室外消火栓系统由地铁建筑方统一设计。

②室内消火栓系统。

本变电站内应设置室内消火栓系统。《消防给水及消火栓系统技术规范》（GB 50974—2014）第3.5.2条规定，二类高层公共建筑的室内消火栓的用水量不应小于20 L/s，每根竖管的流量不应小于10 L/s，同时使用的消防水枪数不应少于4支。《火力发电厂与变电站设计防火规范》（GB 50229—2006）第11.5.6条规定，变电站内建筑高度在24~50 m的主控通信楼、配电装置楼、继电器室、变压器室、电容器室、电抗器室等，室内消火栓的用水量不应小于25 L/s，每根竖管的流量不应小于15 L/s，同时使用的消防水枪数不应少于5支，每支水枪流量不应小于5 L/s。

综合以上规定，本项目室内消火栓的用水量不应小于25 L/s，每根竖管的流量不应小于15 L/s，同时使用的消防水枪数不应少于5支，每支水枪流量不应小于5 L/s，火灾延续时间不应小于2 h。室内消火栓箱内建议配置消防软管卷盘，以便于工作人员及时扑救早期火灾。

③灭火器。

本项目下沉式变电站应按照《火力发电厂与变电站设计防火规范》（GB 50229—2006）第11.5.17条的规定配置灭火器。在主变压器室附近配置规格为50 kg/台的推车式磷酸铵盐干粉灭火器，在室内设备室配置规格 为5 kg/具的手提式磷酸铵盐干粉灭火器。

④自动灭火系统的配置类型（表4.3）。

表 4.3 皇岗口岸变电站主要设备房间灭火系统的配置类型

设备室名称		自动灭火系统类型
主变压器室	SF$_6$变压器室	气体灭火系统
其他电气设备间	电容器室	气体灭火系统
	10 kV 开关柜室	—
	110 kV GIS 室	—
	继电器及通信室	—
	蓄电池室	—
电缆层和电缆竖井		—

⑤消防道路利用市政路。

（6）消防水泵房、消防水池及水源。

①消防水泵房由变电站独立设置。消防水池由合建建筑方统一设计。

②变电站消防给水量应按火灾时一次最大室内和室外消防用水量之和计算。

4.1.2 电气部分

1. 工程建设规模

建设规模见表4.4。

表 4.4 皇岗口岸变电站建设规模表

规划项目	本期规模	最终规模
主变压器	3×63 MV·A	3×63 MV·A
110 kV 出线回路数	共 4 回，电缆出线 （2 回至 220 kV 福华站； 1 回至 220 kV 滨河站； 1 回备用）	共 4 回，电缆出线 （2 回至 220 kV 福华站； 1 回至 220 kV 滨河站； 1 回备用）
10 kV 出线回路数	3×16 回	3×16 回
无功补偿电容器组	3×（3×5 010）kvar	3×（3×5 010）kvar

2. 电气主接线

110 kV本期和终期均采用单母线断路器分段接线，#2主变压器跨接在两段母线上。终期3回110 kV主变压器电缆进线，4回电缆出线；本期3回110 kV主变压器电缆进线，3回电缆出线，1回备用，即：2回至220 kV福华站、1回至220 kV滨河站，如图4.6所示。

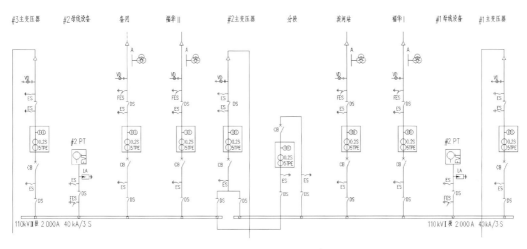

图 4.6　110 kV 配置接线图

3. 电气设备选择

根据短路电流计算结果及《导体和电器选择设计技术规定》（DL/T 5222—2005），参考《南方电网公司输变电工程标准设计和典型造价》（V2.1）、《南方电网公司一级采购物资品类优化目录清册》等进行设备选择。本站主设备选型考虑如下：

（1）主变压器。

根据消防部门批复，该变电站主变压器采用气变，火灾危险性按丙类设计。

因此主变压器选用110 kV低损耗三相双卷风冷有载调压SF₆气体变压器，如图4.7所示。根据电网运行情况，为保证供电电压质量，110 kV侧采用有载调压开关。

额定容量：63 MV·A。

电压等级：$110 \pm 8 \times 1.25\%/10.5$ kV。

接线方式：YN，d11。

阻抗电压：U_k=16%。

附套管电流互感器：

110 kV侧：500–1000/1A，5P40/5P40/0.5S，3组；

110 kV侧中性点：100–300/1A，5P20，20 V·A，2只；

110 kV中性点绝缘水平：63 kV。

按照南网3C绿色电网的技术规范要求以及绿色3C评价系统的三星标准，本工程主变压器噪声不高于58 dB，空载损耗不高于29 kW，负载损耗不高于215 kW。

 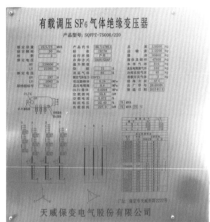

图 4.7　SF₆ 气体变压器实例照片

（2）无功补偿装置。

本站无功补偿装置选用成套框架油浸式电容器组，为限制涌流和谐波分量，在每组电容器电源侧串接5%的干式铁芯串联电抗器。串联电抗器选用户内干式铁芯设备。每台主变压器配置3×5 010 kvar无功补偿装置，终期配置3×（3×5 010）kvar无功补偿装置，本期配置3×（3×5 010）kvar无功补偿装置，如图4.8所示。

图 4.8　油浸式并联电容器现场照片

（3）其他配电装置。

电气主设备按国内优质设备、低损耗、低噪声及安全经济的原则选择。110 kV配电装置选用110 kV户内GIS设备；10 kV配电装置选用中置式开关柜，内配真空断路器。10 kV无功补偿装置选用动态无功补偿装置SVG。串联电抗器选用户内干式铁芯设备。站用变压器选择干式设备，单台容量为400 kV·A。380/220 V配电屏选用智能式低压开关柜。10 kV接地变压器选用干式接地变压器，其容量为420 kV·A。

4.变电站布置

（1）总体布置。

皇岗口岸变电站终期规模按3台63 MV·A主变压器下沉附建式变电站设计。由于该站与皇岗地铁站合建，因此本工程受地铁站影响和限制，站内层高、柱网设置、基坑大小均需与皇岗地铁站配合，施工时也与该地铁站同时施工，充分考虑地铁和本站的配合问题。

经过与地铁设计院配合，本站采用一座四层式全地下变电站，主变压器及各级电压配电装置均采用地下户内布置。

地下四层为电缆夹层，平面布置如图4.9所示。

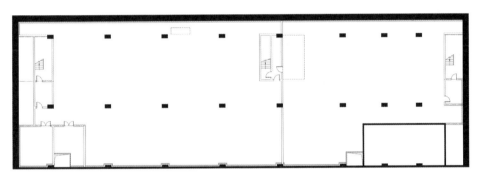

图4.9　地下四层平面布置图

地下三层为10 kV开关柜室、GIS室、电容器室、接地变压器室、站用变压器室、气瓶间等，平面布置如图4.10所示。

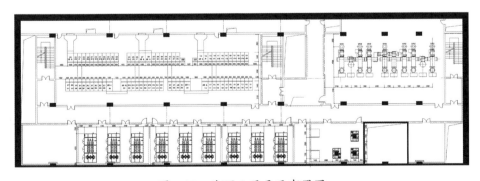

图4.10　地下三层平面布置图

地下二层为主变压器室、蓄电池室、警传室、绝缘工具间、水泵房等，平面布置如图4.11所示。

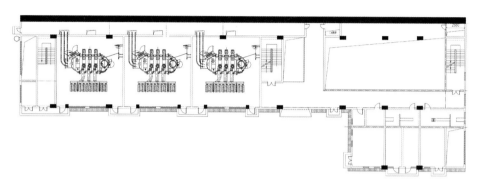

图 4.11 地下二层平面布置图

地下一层为二次设备间（含二次和通信设备），平面布置如图4.12所示。

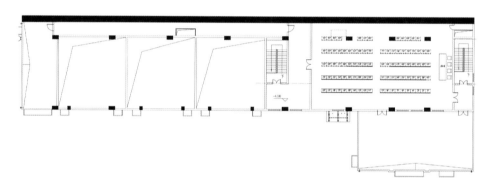

图 4.12 地下一层平面布置图

（2）110 kV配电装置。

110 kV配电装置采用户内GIS布置在配电装置楼负二层，通过电缆夹层及竖井电缆出线。

本期共建设4回电缆出线间隔、3回主变压器电缆进线间隔、1个分段间隔及2个母线设备间隔。

（3）10 kV配电装置。

10 kV配电装置采用金属铠装移开式高压开关柜，户内双列布置于负二层的10 kV配电装置室内。10 kV无功补偿采用电容器组，布置于负二层的电容器室内。

（4）主变压器、大门及站内道路。

主变压器位于负一层，户内布置，采用SF_6气体变压器。

由于布置位置受限，主变压器与110 kV GIS进线间隔不能直接用软导线跳接，而采用交联聚乙烯电力电缆连接。

由于10 kV电流较大，若采用电缆与主变压器低压侧套管连接，所需要的电缆截面及数量较大，且使电缆与10 kV进线柜的连接难度加大；因此，为避免上述问题，经综合分析、调整，使主变压器室与10 kV配电装置室上下布置，且与主变压器10 kV进线柜采用电缆连接。

本站主变压器室大门朝向变电站南侧，主变压器室门前即为地铁站厅出口，双方共用下沉式广场。

本站为开放式变电站，不设围墙。

（5）电缆走向。

110 kV、10 kV均采用电缆出线，由电缆夹层通过两个独立电缆竖井至地面后进入110 kV、10 kV电缆沟。110 kV电缆出线终期4回，由1条专用沟和1条综合沟通过西北侧电缆竖井引出，110 kV电缆出变电站后向西北侧出线。变电站内110 kV GIS间隔从东向西依次为福华Ⅰ、滨河站、福华Ⅱ、备用。10 kV电缆出线通过站内东北角的电缆竖井向东引出，与站外2条10 kV电缆沟相接；另外一部分10 kV电缆可通过西北侧电缆竖井引出，出站后与110 kV电缆共沟敷设。

4.2　上沙变电站[①]

上沙变电站终期采用3×63 MV·A主变压器，110 kV出线4回，10 kV出线48回，无功补偿采用3×（2×7 500）kvar的SVG成套设备。

4.2.1　土建部分

1. 合建建筑情况

中洲滨海商业中心位于深圳市福田区上沙社区，滨河大道与香蜜湖路交汇处西南角，靠近福田中心区，北临滨河大道，东靠福强路和沙嘴路，南望广深高速。区域位置优越，交通和商业均极为发达。该地块出入道路主要有上沙创新路、上沙椰树路、上沙二路、上沙建文路等。

项目包括1栋A、B两座建筑高度为279.90 m的超高层塔楼、3层裙房、4层地下室组成。项目效果图如图4.13所示。地面建筑：1栋A/B座，均62层，建筑高度为279.90 m；A座功能为办公，B座功能为酒店+办公。地下室共4层，地下三层、地下四层为地下室汽车库及设备用房；地下二层、地下一层主要为商业用房，局部为汽车库及设备用房。

B座地下室贴邻建造市政下沉附建式变电站一座，共4层，建筑面积为3 910 m²。

---

① 案例设计时间：2019年9月。

9号线下沙地铁站延长通道与01-03下沉广场连通，可通过中洲滨海商业中心一期的地下公共人行通道与中洲滨海商业中心二期地下商业连接。中洲滨海商业中心项目北侧01-03地块设置为市政下沉广场，既便捷连接了9号线下沙地铁站的地下公共延长通道和中洲项目的地下商场，又有效解决了上沙变电站人员疏散、设备吊装和维修通道等问题，充分体现了公共性。

上沙变电站合建建筑效果如图4.13所示。

图 4.13 上沙变电站合建建筑效果图

2. 与合建建筑的相互关系

上沙变电站为下沉附建式变电站，变电站不独立占地，位于中洲滨海商业中心的东北角。变电站全部在地下层，负一层前部设下沉式广场。

变电站北侧紧贴拟建的市政下沉广场，该广场为地下二层市政公共设施，可承载变电站消防疏散、大件设备运输等使用功能。变电站南侧及西侧紧贴上沙村中洲滨海商业中心项目，为210 m超高层商业建筑，地下紧邻处变电站设独立地下外墙分隔。变电站屋面（地下室顶板）上空间供中洲滨海商业中心项目使用，规划设置地块内环形道路及地下车库出入口等。变电站底板下空间目前无使用规划。

变电站东侧毗邻椰树路，站址与地铁轨道7号线最近距离约120 m，与地铁轨道9号线最近距离约180 m，与地铁下沙站最近距离约400 m，符合城市规划要求。

变电站北侧市政下沉广场为公共通道，可作为站区消防疏散、大件设备吊装运输通道，设备可通过站址北侧滨河大道辅道吊装至市政下沉广场出入口，交通条件便利。下沉广场底板至室外地面高度约16 m。

上沙变电站地理位置示意图、与合建建筑关系示意图分别如图4.14和图4.15所示。

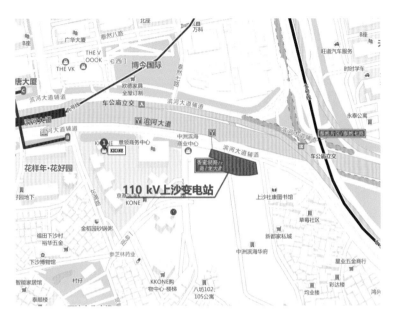

图 4.14 上沙变电站地理位置示意图

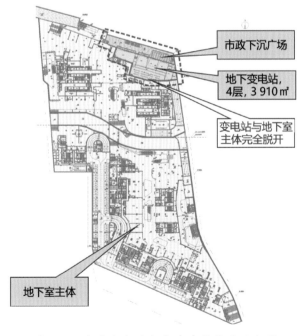

图 4.15 上沙变电站与合建建筑位置示意图

3. 总平面布置

本工程按下沉附建式变电站设计，变电站站仅设一座全地下配电装置楼，所有电气设备全部布置在楼内，110 kV配电装置采用户内GIS形式，3台主变压器布置在配电装置楼北侧，朝向市政下沉广场。本工程全站电气设备采用无油设备，故无须设置事故油池。

由于用地紧张，变电站两个地面安全出入口均设于用地红线外，其中一个可通过下沉广场东北角开敞式楼梯下至变电站地下各层；另一个出入口通过下沉广场中部变电站专用疏散楼梯于-6.60 m标高处与站内疏散楼梯相连，满足消防疏散要求。此外，日常运维人员交通及小型设备运输可利用下沉广场地面层3 t垂直电梯通往负二层，直达变电站。

站内仅设一座全地下配电装置楼，地面不设建筑物。地下建筑物南侧和西侧紧贴上沙村中洲滨海商业中心项目超高层商业建筑，变电站与更新项目地下建筑各自独立设置钢筋混凝土外墙。配电装置楼北侧-16.70 m以上空间与市政下沉广场相连，并利用市政下沉广场设置变电站安全疏散出入口；变电站与下沉广场相邻处需采取防火措施。

配电装置楼为地下四层建筑，变电站建成后，顶板上部覆土2.0～3.0 m，规划作为更新地块内部道路及地下车库出入口使用。根据合作建设协议，场地道路、绿化等设施均由合建方整体设计、同期建设完成。站内不设独立围墙及大门，如图4.16所示。

由于站区用地紧张，不设独立化粪池，站内生活污水就近排入更新项目合建建筑的污水处理装置内。

中洲控股方负责就近提供3个地面应急抢修车位，8个供甲方日常免费使用的地下停车位。变电站不另行考虑检修车位。

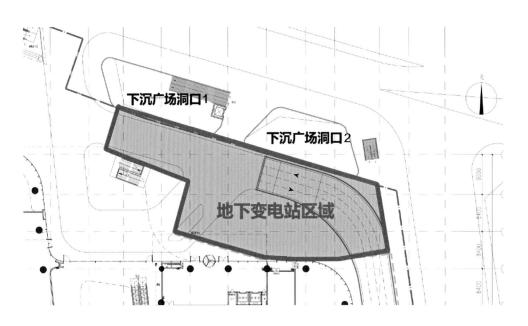

图 4.16　上沙变电站与合建建筑平面布置图

（1）竖向布置方式和建筑物室内外设计标高的确定。

站址场地设计高程与更新项目统一设计，为5.20 m，室内外高差为0.40m。变电站红线范围内不设地面出入口，下沉广场处共设4个地面出入口，东北角及中部出入口为变电站专用疏散出入口，出口处室外地面规划标高为5.00～5.20m；紧邻处垂直电梯供变电站人员及小型设备运输用，出口处室外地面规划标高约4.60 m；北侧市政公用大台阶为下沉广场疏散楼梯，出口紧邻滨河大道辅道，道路标高约4.00 m。为防止极端天气下可能产生的雨水经下沉广场倒灌进变电站，结合地形条件，下沉广场地面出入口均高出室外地面至少0.30m，标高为5.00～5.50m，采用有组织排水，确保变电站不受洪水和内涝影响。其余广场上空及设备吊装口周边根据地面标高情况，设不小于1.10 m高的钢筋混凝土栏板，防止广场地面及滨河路雨水汇入下沉广场。

（2）管沟布置。

110 kV、10 kV均采用电缆出线，由电缆夹层通过一个综合电缆竖井至地面后进入110 kV、10 kV电缆沟。110 kV电缆出线终期4回，由2条综合沟通过东侧电缆竖井引出，110 kV电缆出变电站后向东出线。

（3）进站道路。

变电站地块内不设环形道路及围墙，消防通道利用周边市政路。

（4）土建主要技术指标（表4.5）。

表 4.5　上沙变电站土建主要技术指标

序号	名称		单位	数量	备注
1	站址总用地面积		hm^2	0.119 839	——
2	进站道路长度		m	6	——
3	站内电缆沟管长度		m	15	——
4	建筑面积	地上建筑面积	m^2	0	总面积为3 909
		地下建筑面积		3 909	
5	站区围墙长度		m	——	——

4.建筑风格

由于本变电站与民用建筑中洲滨海中心贴邻，故建筑风格与该商业中心相同，以与周边环境协调一致。下沉广场效果图分别如图4.17和图4.18所示。

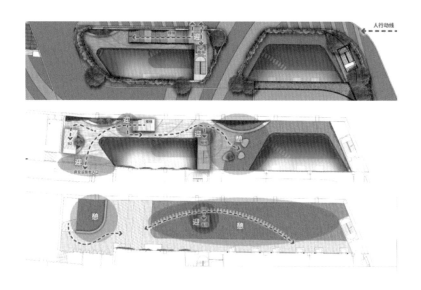

图 4.17 下沉广场效果图 1

图 4.18 下沉广场效果图 2

5. 结构

变电站结构及合建建筑结构由合建建筑方统一设计。

（1）设计基本条件。

本站址地震基本烈度为7度。深圳地区50年一遇风压0.75 kN/m²，对应的风速为34.64 m/s。地面粗糙度为B类。

（2）建筑物。

变电站平面不规则，外包尺寸约为72 m×23 m。根据建筑布置及使用功能、施工方法的要求，变电站主体结构形式为地下四层现浇钢筋混凝土框架结构，平面楼层采用梁板式结构。在使用阶段侧土压力及全部水压力由侧墙承受。

主体结构按作用在弹性地基上的三维框架结构进行计算，其地层的作用模拟为一系列弹簧，采用盈建科结构工程软件程序进行计算分析，整体结构按永久荷载、可变荷载、施工荷载和偶然荷载的各种组合工况进行，并按照规范要求采取相应的抗震措施，由于建筑物埋于地下，地上无建筑物，抗震设防类别为丙类，按地下建筑抗震要求，钢筋混凝土地下结构抗震等级为二级；地下结构不考虑温度和风压作用。

变电站结构抗震设防措施、结构安全等级、设计使用年限等级与合建建筑主体结构一致。

（3）构筑物。

主变压器基础：主变压器及散热器基础均置于楼层结构梁上，由于主变压器采用无油设备，主变压器室不设油坑。

设备支架采用八边形热镀锌钢管。设备支架置于楼层结构梁上，不另设基础。

电缆均自变电站东侧出线，由于用地紧张，站区红线范围内无法设置电缆沟，配电装置楼内电缆通过电缆竖井经外墙与站外电缆工井相连。地下室外墙预留3组电缆埋管，埋管间焊接止水环，埋管两端均设防护密封塞。

本工程不设事故油池及围墙、大门，化粪池由合建建筑方负责修建。

（4）地基处理方案。

地基处理方案由合建建筑方统一设计。

（5）隔振设计。

变电站电磁设备为激振源，如主变压器、电抗器等，其激振频率一般为电源频率的2倍，大小为100 Hz及其倍数。

为避免电气设备与建筑结构产生共振，通过建立ABAQUS有限元分析模型，应校核：

①主变压器与变压器室楼板的共振频率。

②主变压器与变电站主体结构的共振频率。

③主变压器与合建建筑主体结构的共振频率。

（6）隔振构造措施。

①自锁螺栓，应用于10 kV开关柜、二次屏柜等。

②弹簧隔振装置，应用于自重较小的设备，如电抗器等。

③橡胶垫隔振装置，应用于自重较大的设备，如主变压器等。

6. 通风系统

根据中国南方电网公司标准设计的要求：主控制室及通信室、10 kV室配置空调。风机配置应满足运行及事故后排烟要求。

（1）主变压器通风。

主变压器全户内布置，从下沉广场侧自然进风，经通风夹层和车道侧壁排风竖井机械排风，如图4.19所示。

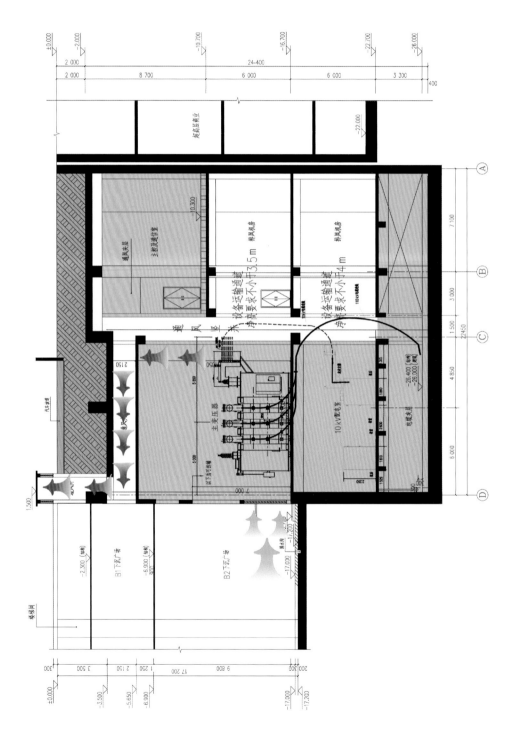

图 4.19 变电站内通风管路示意图

（2）SVG室通风。

SVG室设备自带直排风管，排至变电站通风系统对外通风道，设备间设置空调和风机，调节室内环境温度及进行事故后排烟。

（3）110 kV GIS室通风。

110 kV GIS室通风采用轴流风机，除了要设高位排风口通风外，另设常开的低位排风口排出地面处的SF_6泄漏气体。

根据通风设计规程配置进风、排风，满足设备正常运行及事故后排烟要求。

（4）主控制室及通信室、10 kV室通风。

主控制室及通信室、10 kV室根据事故后排烟需要配置风机。

主控制室及通信室、10 kV室既设计有风机，又设计有单元式分体空调，为了节省能源，要求10 kV室通风窗百叶为电动活动百叶，活动百叶与风机联动，同时开启和关闭。所有与通风竖井相连的风管均应设电动防火阀。

7. 消防设计

（1）火灾危险性分析。

根据《建筑设计防火规范》（GB 50016—2014），按设备房间的工艺设备特点，对主要设备室的火灾危险性进行分类，见表4.6。

表 4.6　主要设备室火灾危险性分类

序号	主要设备室	主要电气设备	火灾危险性	耐火等级
1	主变压器室	SF_6气体变压器	丁	一级
2	110 kV 配电装置室	GIS 组合电器	丁	一级
3	10 kV 配电装置室	金属铠装移开式高压开关柜	丁	一级
4	10 kV 无功补偿设备室	SVG 动态无功补偿	丁	一级
5	10 kV 站用变、接地变室	环氧树脂浇注干式变压器	丁	一级
6	电缆夹层室	电缆	丁	一级

（2）防火分隔。

变电站与合建建筑之间采用防火墙分隔，各层为独立的防火分区并各大设两个独立的疏散出口，地下一层、地下二层借用市政下沉广场疏散。

（3）消防构造。

电站设备房均采用甲级防火门，最远房间与楼梯出入口距离不超过27.5 m，首层主变压器室疏散门直通室外。变电站与合建建筑中洲商业（超高层建筑）之间的关系如图4.20所示。

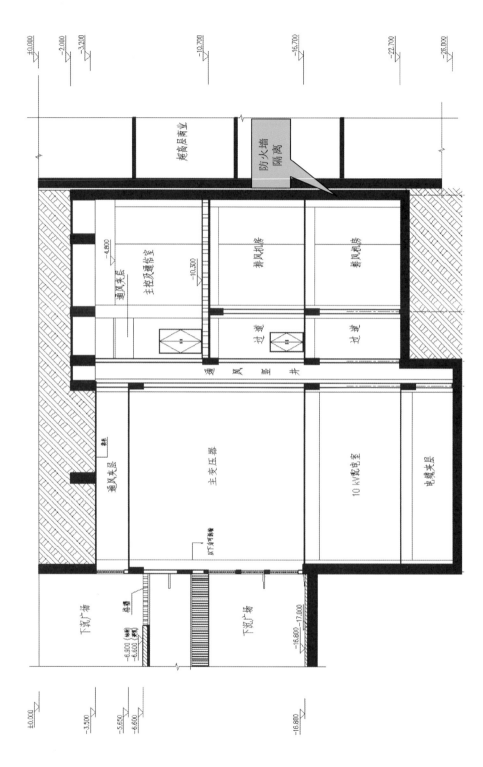

图 4.20　上沙站与合建建筑防火墙设置图

（4）消防报警。

全站设置一套火灾自动报警系统。变电站火灾报警主机采用三重报警方式，将变电站火灾报警信号分别送至供电局消防控制中心、合建建筑消防控制中心；变电站火灾报警主机同步接收合建建筑的火灾报警信号，并将信号送至供电局消防控制中心。

全站设置一套火灾报警集中控制器及消防联动扩展柜，布置于警传室。消防火灾报警信号接入变电站计算机监控系统。火灾报警集中控制器配备控制和显示主机，设有手动和自动选择器，消防联动扩展柜可直接控制其联动设备，并可以显示启动、停止、故障信号。消防及火灾自动报警系统具有与计算机监控系统通信的接口，远方控制中心可以对消防及火灾自动报警系统进行监控。在站内主变压器、电缆竖井、电缆夹层、电缆桥架以及电缆沟等处敷设感温电缆；GIS设备间采用红外光束感烟探测器；其他设备房间采用点型感烟探测器，火灾探测器选用及布置满足《火灾自动报警系统设计规范》（GB 50116—2013）。

（5）消防设施

①室外消火栓系统。

室外消火栓系统由合建建筑方统一设计。

②室内消火栓系统。

本变电站内应设置室内消火栓系统。《消防给水及消火栓系统技术规范》（GB 50974—2014）第3.5.2条规定，二类高层公共建筑的室内消火栓的用水量不应小于20 L/s，每根竖管的流量不应小于10 L/s，同时使用的消防水枪数不应少于4支。《火力发电厂与变电站设计防火标准》（GB 50229—2019）第11.5.6条规定，变电站内建筑高度在24~50 m的主控通信楼、配电装置楼、继电器室、变压器室、电容器室、电抗器室等，室内消火栓的用水量不应小于25 L/s，每根竖管的流量不应小于15 L/s，同时使用的消防水枪数不应少于5支，每支水枪流量不应小于5 L/s。

综合以上规定，本项目室内消火栓的用水量不应小于25 L/s，每根竖管的流量不应小于15 L/s，同时使用的消防水枪数不应少于5支，每支水枪流量不应小于5 L/s，火灾延续时间不应小于2 h。室内消火栓箱内建议配置消防软管卷盘，以便于工作人员及时扑救早期火灾。

③灭火器。

本项目下沉式变电站应按照《火力发电厂与变电站设计防火标准》（GB 50229—2019）第11.5.17条的规定配置灭火器。在主变压器室附近配置规格为50 kg/台的推车式磷酸铵盐干粉灭火器，在室内设备室配置规格为5 kg/具的手提式磷酸铵盐干粉灭火器。

④自动灭火系统的配置类型（表4.7）。

表 4.7　上沙变电站主要设备房间灭火系统的配置类型

设备室名称		自动灭火系统类型
主变压器室	SF_6 变压器室	七氟丙烷气体灭火
其他电气设备间	SVG 室	七氟丙烷气体灭火
	10 kV 开关柜室	七氟丙烷气体灭火
	110 kV GIS 室	七氟丙烷气体灭火
	继电器及通信室	七氟丙烷气体灭火
	蓄电池室	七氟丙烷气体灭火
电缆层和电缆竖井		七氟丙烷气体灭火

⑤消防道路利用市政路。

（6）消防水泵房、消防水池及水源。

①消防水泵房由变电站独立设置。消防水池由合建建筑方统一设计。

②变电站消防给水量应按火灾时一次最大室内和室外消防用水量之和计算。

4.2.2　电气部分

1. 工程建设规模

工程建设规模见表4.8。

表 4.8　上沙变电站工程建设规模

项目	本期规模	最终规模
主变压器	$3 \times 63\,MV \cdot A$	$3 \times 63\,MV \cdot A$
110 kV 出线回路数	共 4 回，电缆出线 （2 回至 220 kV 庙西站； 1 回至 110 kV 口岸站； 1 回备用）	共 4 回，电缆出线 （2 回至 220 kV 庙西站； 1 回至 110 kV 口岸站； 1 回备用）
10 kV 出线回路数	3×16 回	3×16 回
无功补偿 SVG	$3 \times (2 \times 7\,500)$ kvar	$3 \times (2 \times 7\,500)$ kvar

2. 电气主接线

上沙变电站110 kV最终4线3变，本期工程按最终规模一次性建成，110 kV接线采用单母线断路器分段接线，其中＃2主变压器跨接在两段母线上。终期规模为3台主变压器（本期为3台主变压器），电缆出线间隔4回（本期3回出线，新建110 kV上沙至庙西站双回线路、新建110 kV上沙至皇岗站单回线路，剩余1个出线间隔本期不出线），配置接线图如

图4.21所示。

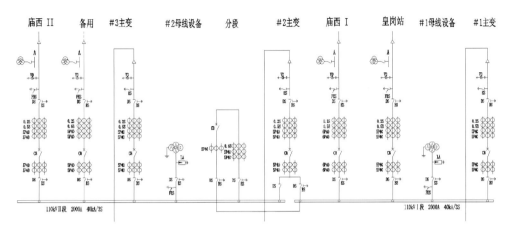

图 4.21 110 kV 配置接线图

主变压器110 kV侧中性点采用避雷器保护，并可经隔离开关直接接地。

10 kV终期采用单母线双分段四段母线接线，其中#2主变压器以双臂进线，Ⅱ段母线分为ⅡA、ⅡB两个半段，10 kV三段母线间设分段联络开关，10 kV最终出线为3×16回，每段母线各带16回出线。本期上10 kVⅠ段、ⅡA段、ⅡB段、Ⅲ段母线，本期出线规模为3×16回。

每台主变压器配置2×7 500 kvar SVG无功补偿装置，终期配置无功补偿容量为3×（2×7 500）kvar，本期配置无功补偿容量为3×（2×7 500）kvar。

本工程10 kV中性点的接地方式根据单相接地电容电流确定，采用小电阻接地。由于主变压器10 kV绕组为三角形接线无中性点引出，故Ⅰ、ⅡA、Ⅲ段10 kV母线上各设置1台接地变压器。

3. 电气设备选择

（1）主变压器。

由于本站贴邻上沙村中洲滨海商业中心项目，为210 m超高层商业建筑。当贴邻合建建筑高度在100 m及以上时，把贴邻附建式变电站视为合建建筑的附属部分，火灾危险性分类属于丁类，防火设计按丙类工业厂房设计，所有设备房间均应设置自动灭火设施。

因此主变压器选用110 kV低损耗三相双卷风冷有载调压SF₆气体变压器，如图4.22所示。根据电网运行情况，为保证供电电压质量，110 kV侧采用有载调压开关。

额定容量：63 MV·A。

电压等级：110±8×1.25%/10.5 kV。

接线方式：YN，d11。

阻抗电压：U_k=16%。

附套管电流互感器：

110 kV侧:500—1000/1A，5P40/5P40/0.5S，3组；

110 kV侧中性点：100-300/1A，5P20，20 V·A，2只；

110 kV中性点绝缘水平：63 kV。

按照南方电网3C绿色电网的技术规范要求以及绿色3C评价系统的三星标准，本工程主变压器噪声不高于58 dB，空载损耗不高于29 kW，负载损耗不高于215 kW。

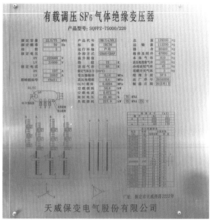

图 4.22 变压器实例照片

（2）无功补偿装置。

10 kV无功补偿装置采用风冷式SVG静止型动态无功补偿装置，如图4.23所示。

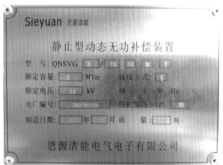

图 4.23 风冷式SVG动态无功补偿装置实例照片

（3）其他配电装置。

电气主设备按国产、优质、低损耗、低噪音及安全经济的原则选择。110 kV配电装置选用110 kV户内GIS设备；10 kV配电装置选用中置式开关柜，内配真空断路器。10 kV无功补偿装置选用动态无功补偿装置SVG。串联电抗器选用户内干式铁芯设备。站用变压器选择干式设备，单台容量400 kV·A。380/220 V配电屏选用智能式低压开关柜。10 kV接地变压器选用干式接地变，其容量为420 kV·A。

4. 变电站布置

（1）总体布置。

上沙变电站终期规模按3台63 MV·A主变压器，为下沉附建式变电站，该站与上沙中洲商业中心组合建建筑地下贴邻建造。因此站内层高设置、基坑大小均需参考设备安装、运维尺寸，并与上沙中洲商业中心项目配合，将来施工时也与上沙中洲商业中心同时施工，所以本工程受站址尺寸影响和限制，只考虑一种方案。

配电装置楼共4层。

地下一层（-10.7 m层）为主控室、蓄电池室，层高7.5 m至地面下方通风夹层。地下一层平面布置图如图4.24所示。

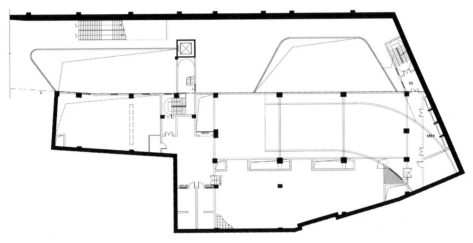

图 4.24　地下一层平面布置图

地下二层（-16.7 m层）为主变压器室、110 kV GIS室、SVG室、配风机房、气瓶间、警传室；其中主变压器室及110 kV GIS室直通0.0 m地面下方或地面下方通风夹层，其余房间层高6 m。由于本工程主变采用SF_6气体绝缘变压器，主变压器室内不设置油坑；主变压器高压侧为电缆进线，主变压器室内设置电缆沟至主变压器110 kV竖井，主变压器高压侧进线电缆由电缆沟经竖井至地下四层电缆夹层后，再经竖井接至GIS相应间隔；主变压器低压侧为铜排母线桥出线，经电缆转接箱转换为电缆后，再经10 kV竖井到达10 kV室接至10 kV开关柜母线桥。根据调研所收集的厂家资料以及前期工程经验，GIS设备高度一般为3.2～4 m，GIS设备室高度为13.5 m，满足设备起吊高度及行车所需空间；本站主变压器为SF_6气体绝缘变压器，且高压侧为电缆进线，主变压器高度约5.2 m，因此主变压器室最小层高设置为9.8 m左右，满足本工程需求；SVG设备本体高度约2.5 m，SVG设备上方有散热风管等设备,根据前期工程经验,由于SVG设备发热量大,故需加装大尺寸风管以便于设备散热。为便于SVG风管部件设备安装,本工程将SVG室层高调整至6 m。地下二层平面布置图如图4.25所示。

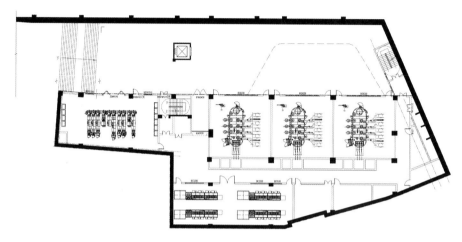

图 4.25 地下二层平面布置图

地下三层(−22.7 m层)为10 kV室、SVG室、站用变室、接地变室、气瓶间、绝缘工具间、常用工具间、排风机房、加压机房等,层高为6 m。根据从10 kV开关柜厂家收集的资料,本工程开关柜高度按照2.3 m布置,此外开关柜上方有母线桥以及主变压器进出线电缆竖井的喇叭口,为方便设备安装,本层高度按照6 m考虑。地下三层平面布置图如图4.26所示。

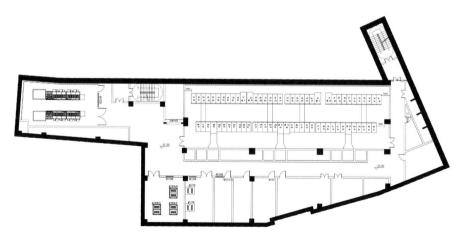

图 4.26 地下三层平面布置图

地下四层（−26 m层）为电缆夹层，层高为3.3 m。配电装置楼东侧设置110 kV及10 kV综合电缆竖井，由电缆夹层直通至0 m层，接站外电缆沟，为站内电缆出线路径。配电装置楼电缆夹层内底板设0.4 m×0.6 m（宽×深）的110 kV电缆沟，连接GIS一次电缆竖井至主变压器110 kV电缆竖井及配电装置楼东侧出线电缆竖井。每回电缆沟内敷设1回110 kV电缆，采用钢制电缆沟盖板配橡胶垫静音措施。夹层内电缆沟转弯半径不小于2.5 m。地下四层平面布置图如图4.27所示。

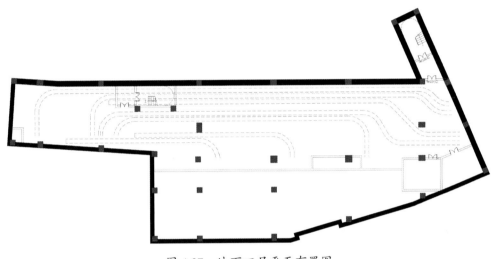

图 4.27　地下四层平面布置图

（2）110 kV配电装置。

110 kV配电装置采用户内GIS布置在配电装置楼地下三层，通过电缆夹层及竖井电缆出线。

本期共建设4回电缆出线间隔、3回主变压器电缆进线间隔、1个分段间隔以及2个母线设备间隔。

（3）10 kV配电装置。

10 kV配电装置采用金属铠装移开式高压开关柜，户内双列布置于地下三层的10 kV配电装置室内。10 kV无功补偿采用SVG设备，布置于地下三层的SVG室内。

（4）主变压器、人门及站内道路。

主变压器位于地下二层，户内布置，采用SF₆气体变压器。

由于布置位置受限，主变压器与110 kV GIS进线间隔不能直接用软导线跳接，故采用交联聚乙烯电力电缆连接。

本站主变压器室大门朝向变电站北侧，主变压器室门前即为市政下沉式广场。本站为开放式变电站，不设围墙。

（5）电缆走向。

110 kV、10 kV出线均采用电缆出线，由电缆夹层通过一个综合电缆竖井至地面后进入110 kV、10 kV电缆沟。110 kV电缆出线终期4回，由2条综合沟通过东侧电缆竖井引出，110 kV电缆出变电站后向东出线。变电站内110 kV GIS间隔从东向西依次为庙西Ⅰ、皇岗、庙西Ⅱ，备用。10 kV电缆出线通过站内东角的电缆竖井向东引出，与站外1条10 kV电缆沟和2条综合电缆沟相接。

第5章
上盖附建式变电站案例

目前深圳市变电站中，上盖附建式变电站主要有两类：

一类为建设在地铁站厅上方的变电站，如110 kV红树湾二变电站；另一类为建设在地铁隧道段上方的变电站，如220 kV桂湾三变电站。

对于建设在地铁站厅上方的变电站，根据《建筑设计防火规范》（GB 50016—2014）国家标准管理组的复函，其防火设计可按丙类厂房的有关要求确定，但需采取措施防止变电站火灾对地铁站厅造成危害，变电站与地铁站厅之间需设置厚度不小于3.0 m的覆土，同时变电站的开口应远离地铁的出入口，变电站内应设置自动灭火系统、火灾自动报警系统及防止可燃液体流淌的措施。

对于建设在地铁隧道段上方的变电站，由于变电站与地铁结构脱离且有较厚的覆土层隔断，可按常规变电站考虑。

5.1　红树湾二变电站①

红树湾二变电站终期采用3×63 MV·A主变压器，110 kV出线4回，10 kV出线48回，无功补偿采用3×（3×5 010）kvar油浸框架式电容器组。

变电站位于9#、11#线红树湾南站站厅上方，建于地铁车站结构上，两者之间设置厚度不小于3.0 m的覆土。

5.1.1　土建部分

1.上盖建筑情况

红树湾二变电站位于深圳市南山区沙河街道，白石四道与洲湾一街交叉口的东北角，如图5.1所示。

图 5.1　红树湾二变电站位置图

① 案例设计时间：2018年4月。

该变电站位于深湾汇云中心宗地内，不单独征地，站内仅设一栋建筑物，为配电装置楼。配电装置楼下方为地铁9号线/11号线红树湾南站站厅。配电装置楼北侧、东侧为深湾汇云中心裙房。变电站与周边建筑情况如图5.2和图5.3所示。

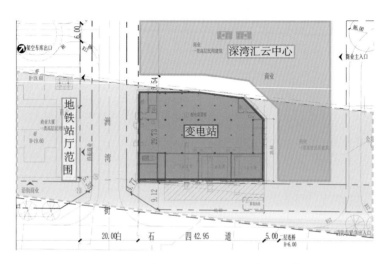

图 5.2　红树湾二变电站与周边建筑示意图

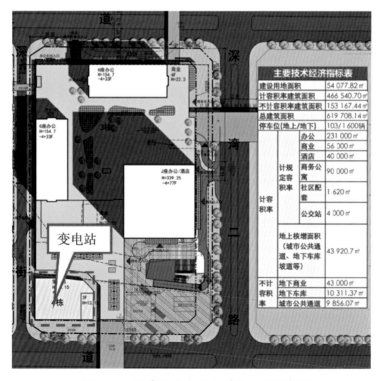

图 5.3　红树湾二变电站上盖物业项目概况

2. 与地铁及周边建筑关系

变电站配电装置楼位于地铁9号线/11号线红树湾南站站厅上方，建于地铁车站结构上，不设基础，通过转换层与地铁结构连接。为降低地铁运行时振动对变电站的影响，转换层与地铁结构之间设置减震装置，转换层柱脚均设置了铅芯橡胶隔振垫。转换层高3 m，转换层顶板即变电站首层楼板。

变电站配电装置楼东侧、北侧与深湾汇云中心相距约5 m。深湾汇云中心为高层民用建筑，高度大于变电站，根据双方协定，深海汇云中心与变电站相邻侧采用防火墙，以满足防火规程要求。变电站剖面图如图5.4所示。

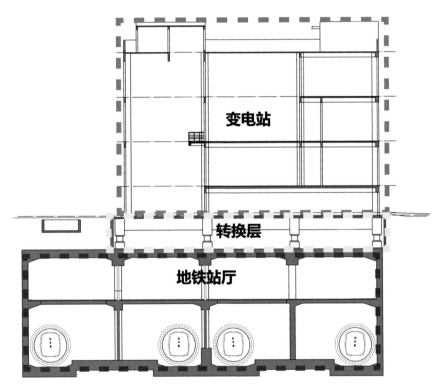

图 5.4　变电站剖面图

3. 总平面布置

红树湾二变电站位于深湾汇云中心区域内，由于区域内用地紧张、布局紧凑、该站用地面积仅为1 204.04 m²，为变电站配电装置楼外轮廓。

变电站仅设一栋配电装置楼及一座事故油池。事故油池设于配电装置楼东南角，污水经事故油池处理后接入深湾汇云中心污水管网；不单独设化粪池，生活污水直接接入深湾汇云中心化粪池，经处理后排入深湾汇云中心污水管网。主变压器前预留临时检修场地，如图5.5所示。

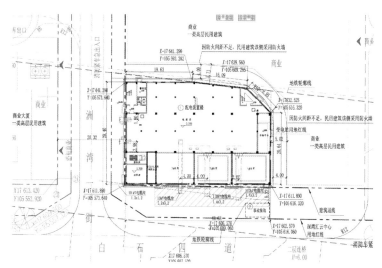

图 5.5 变电站总平面布置图

（1）竖向布置方式和建筑物室内外设计标高的确定。

站址场地设计高程与周边一致，为 5.00 m，室内外高差为 0.3 m，满足 50 年一遇洪水水位要求。站区场地竖向布置采用平坡式，坡度控制在 1%～2%，采用有组织排水，雨水、污水分流，分别接入深湾汇云中心雨水、污水系统，保护环境。

（2）管沟布置。

110 kV 采用电缆向南面出线，10 kV 采用电缆向北、南面出线。出线的 110 kV 电缆及 10 kV 电缆经由配电装置楼下层转换层出线，在转换层内设置 1.4 m×1.0 m 电缆沟 2 条，1.2 m×1.2 m 电缆沟 3 条。

（3）进站道路。

配电装置楼西侧为洲湾一街，南侧为白石四道，北侧、东侧为深湾汇云中心规划道路，宽 4 m，转弯半径为 9 m，满足消防及运输要求。主变压器前预留临时检修场地。

变电站不设围墙、大门，不另设进站道路。

（4）变电站主要技术指标（表 5.1）。

表 5.1 变电站主要技术指标

序号	名称		单位	数量	备注
1	站址总用地面积		hm²	0.120 4	
2	站外供水管长度		m	生活水管约 50，消防水管约 100	
3	站内电缆沟管长度		m	80	位于转换层内
4	建筑面积	地上建筑面积	m²	3 489	总面积为 3 489
		地下建筑面积		0	

4. 建筑风格

建筑室外装修设计由合建建筑方统一考虑。变电站外立面采用铝板幕墙,建筑风格与深湾汇云中心建筑风格协调一致,其外立面效果图如图5.6所示。

图 5.6　变电站外立面效果图

5. 结构

（1）设计基本条件。

变电站按无人值班变电站设计,全部设备均布置在室内。配电装置楼为四层钢筋混凝土框架结构。建筑轴线长为42.48 m,宽为29.20 m,总高度（室外地坪至屋面最低点距离）为18.30 m,总建筑面积（包括电缆间）为3 301 m²,占地面积为1 204 m²。

建筑物结构安全等级为一级,设计使用年限为50年。本地区抗震设防烈度为7度,地震加速度a=0.10g,设计地震分组为第一组, 配电装置楼抗震设防类别为丙类,框架抗震等级为二级。

（2）隔振设计。

配电装置楼建于9号线/11号线红树湾车站地铁站厅结构上,不设基础,通过转换层与地铁结构连接。由于轨道交通线路从建筑下方穿过,地铁列车运行时产生较大振动,可能影响变电站正常生产运行。因此为降低地铁运行时振动对变电站的影响,变电站下方转换层设置为隔震层,上部结构与地铁结构之间设置减震隔振支座,采用三维隔震减震技术进行地铁振动及地震振动控制。

隔震技术原理是通过在下部结构与上部结构之间设置隔震层来可延长上部结构的周期,使建筑物因地震而产生的加速度反应大量减弱,隔震系统同时也能由阻尼器变形而吸收地震能量,因此可降低隔震层的位移反应,使隔震结构的振动迅速衰减,而达到保护建筑物结构的目的。

　　当地铁列车移动时，车轮与钢轨的接触面产生的应力也随之移动，运动中的应力分布传递到周围接触面，形成基本的运动应力场，诱发了附近地下结构以及建筑物（包括其结构和内部设施）的二次振动和噪声。三维隔震减振支座具有较小的竖向刚度，可有效隔离地铁振动的传播。

　　本项目所采用的三维隔震减振橡胶支座具有水平隔震和竖向隔振的双重功效，其构造如图5.7所示。

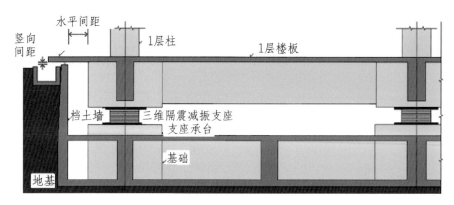

图 5.7　三维隔震减振橡胶支座构造

　　在地铁站厅和上部结构的转换层处布置三维隔震减振层，共选用57套三维隔震减振支座，隔震减振层平面及立面布置如图5.8和图5.9所示。

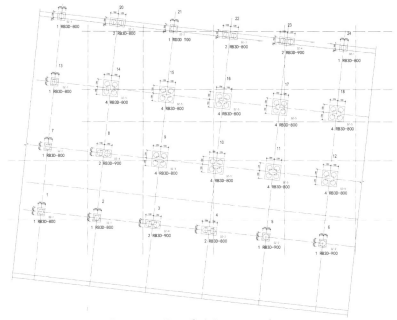

图 5.8　三维隔震减振层平面布置

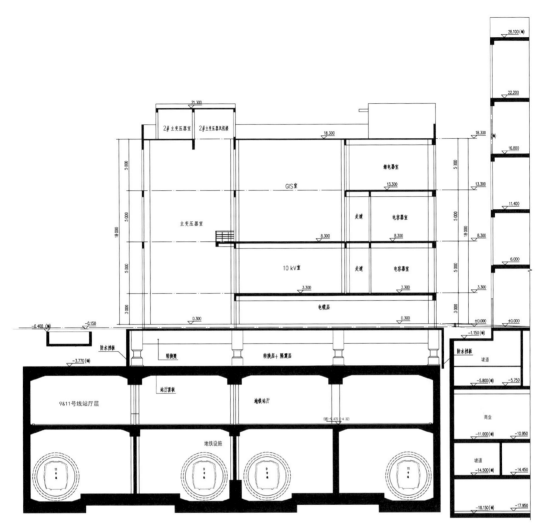

图 5.9 三维隔震减振层立面布置

通过设计、分析及计算，得到结论如下：

①本工程实测地铁单线运行时，竖向振动加速度级为61.49~69.47 dB，振动主频为50 Hz，同时存在高频振动，拟采用三维隔震减振支座57套RB—3D800和9套RB—3D900。

②对三维隔震减振结构进行实测地铁振动时程分析计算。通过上部结构的竖向加速度响应分析得到，地铁引起的建筑物振动被有效隔离，各条地铁时程作用下隔振结构各楼层竖向振动为64.3~70 dB，振动均值为67.1 dB，相比原结构减少了7.1 dB。

③典型地铁振动作用下，隔振结构各楼层竖向振动均值为 53.8~65.9 dB，与原结构相比减弱了15.1~18.2 dB。

④多遇地震作用下隔震结构的水平向加速度减震系数为0.632~1.034，最大减震率为36.8%；层间剪力减震系数为0.694~0.893，最大减震率为30.6%；层间位移减震系数为

0.772~0.944，最大减震率为22.8%。隔震层最大水平位移为11.11 mm，上部结构层间位移角最大值为1/786，小于《建筑抗震设计规范》（GB 50011—2010）规定的弹性位移角限值1/550。

⑤设防地震作用下隔震结构上部结构的水平向加速度减震系数为0.340~0.549，最大减震率为66%；层间剪力减震系数为0.430~0.603，最大减震率为57%；层间位移减震系数为0.397~0.495，最大减震率为60.73。隔震层最大水平位移为36.96 mm，上部结构层间位移角最大值为1/571，结构仍处于弹性状态。

⑥罕遇地震作用下隔震结构上部结构的水平向加速度减震系数为0.239~0.294，最大减震率为76.1%；层间剪力减震系数为0.246~0.313，最大减震率为75.4%；层间位移减震系数为0.254~0.318，最大减震率为74.6%。结构层间位移角最大值为1/393，远小于《建筑抗震设计规范》（GB 50011—2010）规定的弹塑性位移角限值1/50，上部结构有部分构件进入弹塑性状态。

⑦超设计基准地震作用下，隔震结构层间剪力减震系数为0.183~0.272，最大减震率为81.7%，上部结构层间位移角最大值为1/205，小于规范规定的弹塑性位移角限值1/50，上部结构进入弹塑性状态，结构在特大地震作用下仍能保持不破坏并具有一定的安全裕度。

⑧三维隔震减振结构显著提升了结构抗震性能，在7度设防地震作用下，上部结构仍处于弹性状态；7度罕遇地震作用下，上部结构有部分构件进入弹塑性状态；8度罕遇地震作用下，上部结构层间位移角最大值为1/205，小于《建筑抗震设计规范》（GB 50011—2010）规定的弹塑性限值1/50，结构进入弹塑性状态。

⑨经过隔震设计，上部结构传递给下部地铁车站的地震作用显著降低，多遇地震下基底反力减震率为29.2%，设防地震下基底反力减震率为45.5%，罕遇地震下基底反力减震率为72.1%。隔震设计对于保护下部地铁车站的安全性有重要意义，上部结构基底反力传递给下部地铁站厅示意图如图5.10所示。

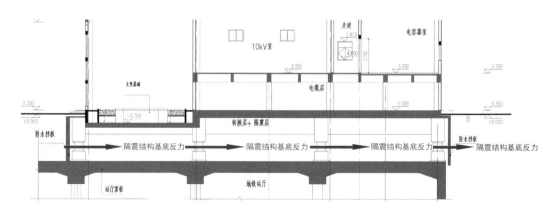

图 5.10　上部结构基底反力传递给下部地铁站厅示意图

6. 通风系统

根据《南方电网公司35~500 kV变电站标准设计》的要求：主控制室及通信室、10 kV室配置空调。风机配置应满足运行及事故后排烟要求。

（1）主变压器通风。

主变压器全户内布置，设置机械通风系统。正常工况下，主变压器风机电动百叶处于常开状态，自然通风；当温度无法满足运行环境时，屋顶气楼电动消音百叶关闭，低噪风机开启，自然进风，机械排风。其他设备房间利用走廊或外墙百叶自然进风，通过轴流风机进行机械排风。

（2）电容器室通风。

电容器室设置机械通风系统，提供一定的风量使室内温度满足设备对环境温度的要求，确保设备正常运行。电容器室采用百叶窗自然进风，轴流风机机械排风。

（3）110 kV GIS室。

110 kV GIS室设置机械通风系统，提供一定的风量使室内温度满足设备对环境温度的要求，确保设备正常运行。110 kV GIS室采用百叶窗自然进风，轴流风机机械排风。

独立配置低位SF_6排风口。

（4）主控制室及通信室，10 kV室。

根据中国南方电网公司标准设计的要求：主控制室及通信室、10 kV室设置分体空调，室外机设置于屋顶，室内机冷凝水统一排放。

主控制室及通信室、10 kV室根据事故后排烟需要配置风机。

7. 消防设计

（1）火灾危险性分析。

根据《建筑设计防火规范》（GB 50016—2014（2018年版）），按设备房间的工艺设备特点，对设备房间的火灾危险性进行分类，见表5.2。

表 5.2　设备房间火灾危险性分类

序号	主要设备室	主要电气设备	火灾危险性	耐火等级
1	主变压器室	油浸式变压器	丙	二级
2	110 kV 配电装置室	GIS 组合电器	丁	二级
3	10 kV 配电装置室	金属铠装移开式高压开关柜	丁	二级
4	10 kV 无功补偿设备室	油浸式电容器	丙	二级
5	10 kV 站用变、接地变室	环氧树脂浇注干式变压器	丁	二级
6	电缆夹层室	电缆	丁	二级

（2）防火分隔。

根据《火力发电厂与变电站设计防火规范》（GB 50229—2006）第11.2.6条规定，地下变电站每个防火分区的建筑面积不应大于1 000 m²，设置自动灭火系统的防火分区，其防火分区面积可增大1.0倍；地上部分根据《建筑设计防火规范》第3.3.1条规定，丙类多层厂房每个防火分区的最大允许建筑面积为6 000 m²。

①建筑平面布置及防火分区划分。

+0.30 m层布置电缆夹层、主变压器室、警传室、水泵房、消防水池；其中3台主变压器每台单独为一个防火单元（每个防火单元面积：96 m²），其余归为0.3 m层防火分区。

+3.30 m层布置绝缘工具间、电容器室、10 kV室、接地变压器兼站用变压器室、常用工具间，本层为一个防火分区（防火分区面积：787 m²）。

+8.30 m层布置气瓶间、电容器室、备品资料室、GIS室、蓄电池室（2间）等，本层为一个防火分区（防火分区面积：800 m²）。

+13.30 m层布置继电器室，本层为一个防火分区（防火分区面积：351 m²）。

②楼梯间形式。

根据《建筑设计防火规范》（GB 50016—2014（2018年版））第3.7.6条规定，高层厂房和甲、乙、丙类多层厂房的疏散楼梯应采用封闭楼梯间或室外楼梯的规定。本工程楼梯间按封闭楼梯间设置。

③防火门设置。

根据《火力发电厂与变电站设计防火规范》（GB 50229—2006）第11.2.4条规定，地上油浸变压器室的门应直通室外，干式变压器室、电容器室门应向公共走道方向开启，该门应采用乙级防火门；蓄电池室、电缆夹层、继电器室、通信机房、配电装置室的门应向疏散方向开启，当门外为公共走道或其他房间时，应采用乙级防火门。

本工程除首层直接对外的门采用不锈钢门外，其余设备房间通向公共走道的门均采用乙级防火门。

（3）疏散设施的设计。

根据《建筑设计防火规范》（GB 50016—2014）第11.2.9条规定，地下变电站、地上变电站的地下室、半地下室安全出口数量不应少于2个，地下室与地上层不应共用楼梯间，当必须共用楼梯间时，应在地上首层采用耐火极限不低于2 h的不燃烧体隔墙和乙级防火门将地下或半地下部分与地上部分的连通部分完全隔开，并应有明显标志。

本工程在配电装置楼东西两端各设置1部楼梯，满足2个安全出口的疏散要求。主变压器室为独立的防火分区，每个主变压器室设2个直通室外的安全出口。

根据《建筑设计防火规范》（GB 50016—2014（2018年版））第3.7.4条规定，防火等级为一级的多层丙类厂房内任一点至最近安全出口的最大直线距离为60 m，地下或半地下厂房为30 m。

本工程配电装置楼全地上布置，电缆层最远点为22 m（＜60 m），10 kV配电室最远点为27 m（＜60 m），110 kV GIS配电室最远点为29 m（＜60 m），继电器与通信室最远点为21 m（＜60 m），电气设备室及公共通道均满足安全疏散要求。

（4）消防构造。

配电装置楼内的主变压器、电容器为充油设备，其他均为无油设备，电缆层中使用的电缆为阻燃电缆，配电装置楼火灾危险性为丙类。配电装置楼耐火等级为一级。

配电装置楼为钢筋混凝土框架结构，围护墙体均为非燃烧体，楼板现浇。顶棚、墙面及楼面面层均采用保证耐火时间的非燃烧体或难燃烧材料。屋面、地面、内外墙及顶棚变形缝均设止水带及阻火带。窗采用节能型铝合金窗或钢制通风百叶窗，设备间采用相应等级的钢制防火门，均满足耐火等级一级要求。主变压器室布置在配电装置楼的南侧，主变压器之间设置防火墙，配电装置楼靠主变压器一侧的墙用砖砌防火墙，防火墙满足耐火极限3.0 h，墙上不开门窗、不留洞口。

变电站位于9号线/11号线地铁站厅上方，由于本站站厅顶板结构不能满足3 m覆土荷载要求，经消防评估后改为采用新型无机轻质绝热材料闭孔珍珠岩对转换层进行填充，填充剖面图如图5.11所示。

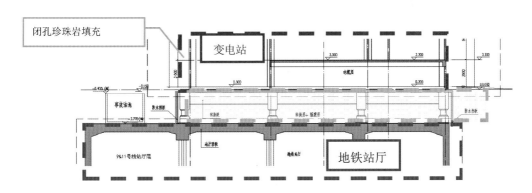

图 5.11 填充剖面图

（5）消防报警。

全站设置一套火灾自动报警系统。变电站火灾报警主机采用三重报警方式，将变电站火灾报警信号分别送至供电局消防控制中心、合建建筑消防控制中心；变电站火灾报警主机同步接收合建建筑的火灾报警信号，并将信号送至供电局消防控制中心。

火灾报警集中控制器及消防联动扩展柜布置于警传室，火灾报警器配备控制和显示主机，设有手动和自动选择器，联动控制可对其联动设备直接控制，并可以显示启动、停止、故障信号。消防及火灾自动报警系统具有与计算机监控系统通信的接口，远方控制中心可以对消防及火灾自动报警系统进行监控。在站内主变压器、电缆竖井、电缆夹层、电缆桥架以及电缆沟等处敷设感温电缆；GIS设备间采用红外光束感烟探测器；其他设备房间采用点型感烟探测器，火灾探测器选用及布置满足《火灾自动报警系统设计规范》（GB 50116—2013）。

（6）消防设施。

①室内外消火栓系统。

站内室内外消火栓用水均由深湾汇云中心负责供水，变电站周边有2个市政室外消火栓可直接利用，变电站不再单独设室外消火栓。室内消防管分两处接深湾汇云中心提供的室内消防用水，满足水量及水压要求。消防用水量按最大一次灭火用水量计算，一次火灾灭火用水量为572.4 m³。变电站设消防水池容积为100 m³，专门用于主变压器水喷雾消防用水，水池用DN 100管道从市政管道引接补水。消防泵房布置在配电装置楼的首层，泵房的门直通室外，消防水池与泵房相邻。

②主变压器设水喷雾灭火系统。

主变压器设水喷雾灭火系统，电容器室设置七氟丙烷气体灭火系统，站内设火灾自动报警系统，另在场地配置推车式灭火器等消防设施，室内配置手提式灭火器等消防设施。

③灭火器。

主变压器室附近配置规格为50 kg/台的推车式磷酸铵盐干粉灭火器，室内设备室配置规格为5 kg/具的手提式磷酸铵盐干粉灭火器。

④自动灭火系统。

变压器消防是站内消防的重点，考虑本变电站无人值守的特点，变压器消防采用全自动水喷雾消防系统。水喷雾系统设计强度：本体部分20 L/（min·m²），油坑部分6 L/（min·m²），灭火时间为0.4 h。考虑火灾次数为一次，单台主变压器设计消防用水流量约60 L/s，水喷雾消防用水量约86 t。对应每一台主变压器设一台雨淋阀组，阀组设在室内专用雨淋阀室内。干管管径为DN 150。每台变压器布置8个770C定温探测器或感温电缆，当定温探测器探测到火灾发生后将信号传递至火灾自动报警控制器，设于各主变压器的两组独立的探测器同时报警时，由火灾自动报警控制器自动开启消防泵和雨淋阀，在现场和控制室也可以手动开启消防泵和雨淋阀。

电容器室在配电装置楼内，电容器为带油电气设备，火灾危险性较高，在电容器室设置七氟丙烷（HFC-227ea）或其他洁净灭火气体灭火系统，配电装置楼内设消防气瓶组室，用于放置气体灭火系统的气瓶及控制器，并配置专用消防报警控制系统。

⑤主要设备室灭火系统的配置类型（表5.3）。

表5.3　主要设备室灭火系统的配置类型

设备室名称		自动灭火系统类型
主变压器室	油浸变压器室	水喷雾灭火系统
其他电气设备间	电容器室	气体灭火系统
	10 kV 开关柜室	—
	110 kV GIS 室	—
	继电器及通信室	—
	蓄电池室	—
电缆层和电缆竖井		—

⑥消防道路。

变电站四周无围墙，有消防道路（利用市政路）。消防道路宽度不小于4 m，道路平坦，上方无障碍物，转弯半径不小于9.0 m，在站内消防车道与配电装置楼之间不存在妨碍消防车操作的树木、架空管线等障碍物，道路下沟道能满足36 t车的通行要求。

5.1.2　电气部分

1. 工程建设规模

本工程为新建工程。根据电力系统规划设计的要求，本工程建设规模见表5.3。

表5.3　建设规模表

项目	本期规模	最终规模
主变压器	2×63 MV·A	3×63 MV·A
110 kV 出线	4 回 （220 kV 秀丽站 1 回； 110 kV 红树站 1 回； 备用 2 回）	4 回 （220 kV 秀丽站 1 回； 110 kV 红树站 1 回； 备用 2 回）
10 kV 出线	2×16 回	3×16 回
无功补偿电容器组	$2 \times (3 \times 5\,010)$ kvar	$3 \times (3 \times 5\,010)$ kvar

2. 电气主接线

本期110 kV侧建设规模为2回主变压器进线和4回电缆出线（其中2回间隔不出线），即红树湾二~秀丽1回，红树湾二~红树1回，备用2回。终期规模为主变压器3台，电缆出线4回。本工程采用户内GIS设备，本期及终期均采用单母线分段接线，设专用分段断路器。红树湾二站110 kV电气接线图如图5.12所示。

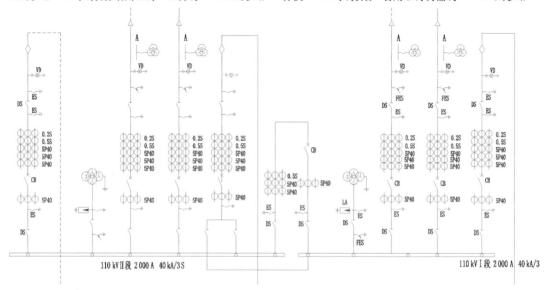

图 5.12　红树湾二站 110 kV 电气接线图

3. 主设备选型

电气主设备按国产、优质、小型化、低损耗、低噪声及安全经济的原则选择。

（1）主变压器。

变电站新建2台63 MV·A的变压器，主变压器选用油浸式变压器，为低损耗三相一体双卷油浸自冷型有载调压变压器，如图5.13所示。

额定容量：63 MV·A。

电压等级：$110 \pm 8 \times 1.25\%/10.5$ kV。

接线方式：YN，d11。

阻抗电压：$U_k = 16\%$。

附套管电流互感器：

　　110 kV侧：LRB–110，500–1000/1A，5P40，40 V·A，2组；

　　LR–110，500–1000/1A，0.5S，20 V·A，1组；

　　110 kV侧中性点：LRB–110，100–300/1A，5P20，20 V·A，3只；

中性点绝缘水平：63 kV。

调压方式：配油浸有载调压开关。

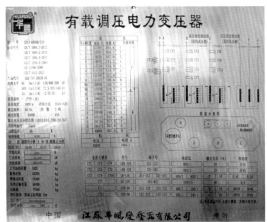

图 5.13　油浸式变压器实例照片

（2）无功补偿装置。

本站无功补偿装置选用成套框架油浸式电容器组，为限制涌流和谐波分量，在每组电容器电源侧串接5%的干式铁芯串联电抗器。串联电抗器选用户内干式铁芯设备。每台主变压器配置3×5 010 kvar无功补偿装置，终期配置无功补偿容量为3×（3×5 010）kvar，本期配置无功补偿容量为3×（3×5 010）kvar，油浸式并联电容器现场照片如图5.14所示。

图 5.14　油浸式并联电容器现场照片

（3）其他配电装置。

110 kV配电装置选用国内优质、户内GIS设备；10 kV配电装置选用国内优质企业生产的具有完善五防功能的中置式开关柜，内配真空断路器。并联电抗器选用户内干式铁芯设备。站用变压器选择干式设备，单台容量200 kV·A。380/220 V配电屏选用智能式低压开关柜。10 kV中性点小电阻接地，接地变压器选用干式接地变压器，其容量为420 kV·A。

4. 变电站布置

（1）总体布置。

本站采用户内变电站布置形式，所有电气设备均布置在配电装置楼内。

三台主变压器呈一字形布置于配电装置楼南侧，主变压器110 kV侧采用架空进线，经架空线连接至8.3 m层的110 kV GIS主变压器进线间隔。10 kV侧采用铜排母线桥出线。紧靠配电装置楼一字形布置，自东向西依次布置#1 ~ #3主变压器。

配电装置楼共4层，每层布置情况如下：

地上一层（+0.30 m层）为主变压器室和电缆夹层，如图5.15所示。

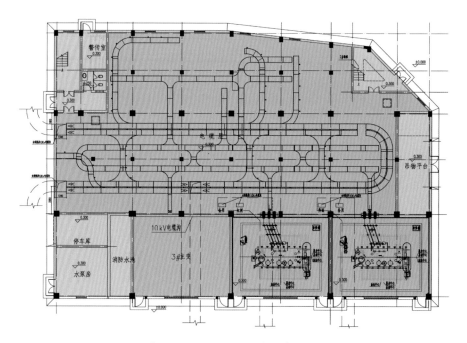

图 5.15　+0.30 m层平面布置图

　　地上二层（+3.30 m层）主要为10 kV高压室、电容器室、站用变压器兼接地变压器室、绝缘工具间、储藏间等，如图5.16所示。

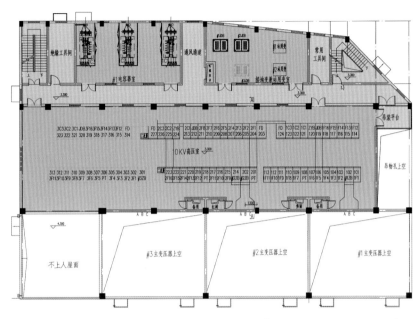

图 5.16　+3.30 m 层平面布置图

　　地上三层（+8.30 m层）主要为110 kV GIS室、电容器室、蓄电池室、气瓶间、储藏间、机动用房等，如图5.17所示。

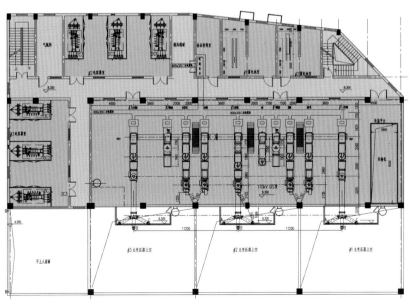

图 5.17　+8.30 m 层平面布置图

地上四层（+13.30 m层）为继电器及通信室，如图5.18所示。

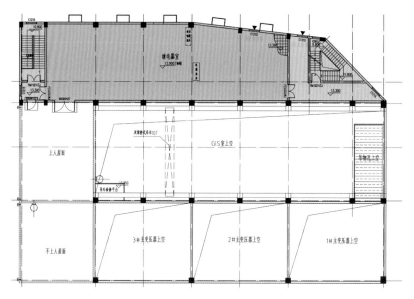

图 5.18 +13.30 m 层平面布置图

电气断面图如图5.19所示。

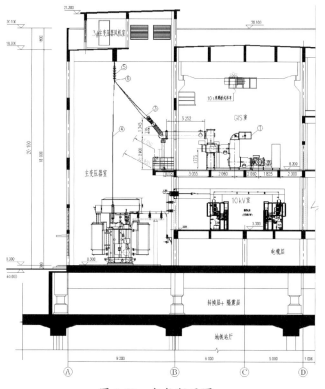

图 5.19 电气断面图

（2）110 kV配电装置。

110 kV配电装置采用户内GIS布置在配电装置楼+8.3 m层，110 kV出线电缆通过电缆夹层沿封闭电缆竖井至转换层，经110 kV电缆沟向南出线。

根据规划，结合配电装置布置，110 kV配电装置出线间隔从东至西依次为：#1主变压器、110 kV秀丽线、备用Ⅰ线、#1母线设备、分段、#2主变压器、#2母线设备、110 kV红树线、备用Ⅱ线、#3主变压器。

本期建设4回电缆出线间隔、3回主变压器进线间隔、1个分段间隔以及2个母线设备间隔，GIS间隔按终期规模一次完成。

（3）10 kV配电装置。

10 kV配电装置采用金属铠装移开式高压开关柜，户内双列布置于配电装置楼3.30 m层10 kV配电装置室内。10 kV站用变压器选用带金属箱体的干式变压器，10 kV小电阻成套装置采用干式设备，站用变压器和小电阻成套设备布置于3.3 m层10 kV站用变兼接地变室内。10 kV电容器组采用框架油浸式成套装置（配5%干式铁芯串联电抗器），3组布置在3.30 m层电容器室内，另外6组布置在8.3 m层电容器室内。

（4）主变压器、大门及站内道路。

主变压器位于配电装置楼南侧，自东向西紧靠配电装置楼一字形布置#1～#3主变压器，事故油池布置于#1主变压器附近。变压器110 kV进线采用架空进线。本期建设#1、#2主变压器。因地理条件限制，站区内不设独立围墙及站内大门。

（5）电缆走向。

110 kV电缆出线由+0.30 m层电缆夹层经封闭电缆竖井敷设至变电站楼下的转换层，在转换层中修建2条1.4 m×1.0 m的110 kV电缆沟从主变压器的下方穿出，至配电装置楼南侧与市政电缆沟会合。10 kV电缆由配电装置楼西侧和南侧两个方向出线，在+0.30 m层电缆夹层地面共修筑3个封闭电缆竖井，南侧1个竖井，西侧2个竖井，10 kV电缆引至转换层之后采用电缆沟将电缆送出。

5.2　桂湾三变电站[①]

桂湾三变电站终期采用4×75 MV·A主变压器，220 kV出线6回，20 kV出线40回，无功补偿采用4×15 000 kvar水冷SVG。

变电站全部嵌入合建建筑投影下方，与上层民用建筑通过架空层分隔。

① 案例设计时间：2019年10月。

土建部分

1. 上盖建筑情况

桂湾三变电站位于深圳市前海自贸区，海滨大道（规划）及桂湾大街（规划）交叉路口西北角。站址西侧为金融街，东侧为桂湾大街，北侧为滨海北一街，南侧为海滨大道，四周均为规划市政道路，交通条件便利。

变电站与第3栋前海投控大厦附建，位于大厦地下一层至地上五层内。前海投控大厦是地上9层、地下1层的高层塔楼，高约44 m，总建筑面积约1.6万 m²。变电站采用嵌入附建式，设置于前海控股大厦二期建筑物内，不单独占地。

前海控股大厦二期项目从北往南、由高向低依次布置一座146.65 m超高层办公楼、一座99.75 m高层办公楼、一座44.45 m的220 kV附建式变电站，三座塔楼在二层通过连廊系统连接为一个整体。项目总用地面积为16 777.7 m²，其中建设用地面积为14 443 m²。该变电站主要功能为办公、商业、220 kV附建式变电站，总建筑面积为153 050 m²，其中：计容积率建筑面积为114 070 m²，不计容积率建筑面积为38 980 m²；地上商业建筑面积为5 600 m²，办公建筑面积为98 800 m²，变电站面积为4 500 m²。前海控股大厦二期3栋剖面图如图5.20所示。

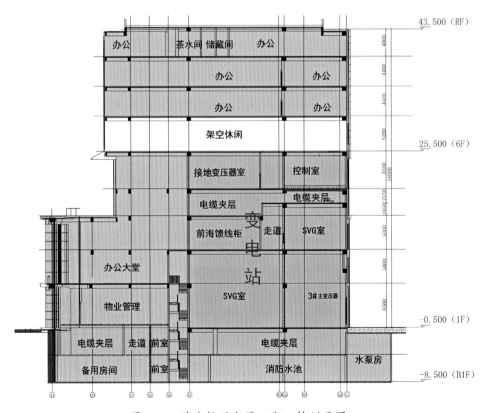

图 5.20　前海控股大厦二期 3 栋剖面图

2. 与地铁及周边建筑关系

深圳地铁11号线从前海控股大厦二期3栋建筑物下方穿过。前海控股大厦二期3栋采用了桩基础，桩端位于地铁隧道底面以下，结构与隧道脱离。如变电站与地铁隧道平面关系如图5.21所示。

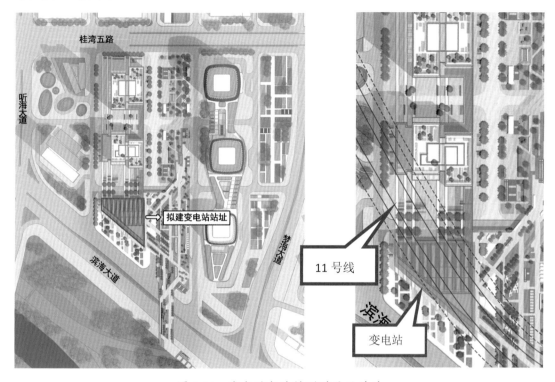

图 5.21　变电站与地铁隧道平面关系

根据地铁11号线线路资料，该线路在变电站下方区段内的海拔高程为−21～−18 m（黄海高程），隧道结构顶面海拔高程为−16～−13.2 m（黄海高程）；根据建筑设计图纸资料，±0.0 m标高等于海拔高程6.5 m，前海控股大厦二期3栋地下室标高为−8.5 m，相当于海拔高程−2.0 m，由此可知，前海控股大厦二期3栋地下室距离地铁11号线隧道结构顶面最近距离约为11.2 m，在采用2 m厚板的设计方案情况下，建筑结构底面与隧道顶面之间的净高差超过9 m。前海控股大厦二期3栋跨越地铁时，需在地铁线路两侧及左右线中间位置设桩基支撑，根据地铁线路资料及建筑设计资料，桩基距离隧道边缘的平面距离为5~8 m。

根据地铁11号线设计相关资料，在本项目范围内，地铁11号线左线采用了减振等级较高的减振垫道床，并在钢轨上加铺了钢轨吸振器；右线采用双层非线性减振扣件整体道床，并在钢轨上加铺了钢轨吸振器，见表5.4。

表 5.4　变电站地段地铁线路减振措施

区间	线别	起点里程 /km	终点里程 /km	减振措施	隧道形式
南前区间	左线	ZDK16+980.000	ZDK17+898.300	减振垫道床，钢轨吸振器	圆形隧道
南前区间	右线	YDK15+500.000	YDK17+898.300	双层非线性减振扣件，钢轨吸振器	圆形隧道

　　采用上述减振措施能够在一定程度上降低振动源强，特别是左线，钢轨吸振器的增铺可进一步降低源强的振动强度；右线仅采用减振扣件及钢轨吸振器，这对减小振动源强有一定作用，但相比于左线，其对环境振动影响的控制有所不及。

　　由于地铁采取了减振措施，变电站与地铁在结构上无直接连接，中间间距大于5 m，故地铁振动对变电站无影响。

　　桂湾三变电站也属于嵌入附建式变电站，本书第2章航海变电站与本站同类型，因此本章节对设备选择等不再赘述。

第6章
附建式变电站振动计算

6.1 变电站设备振动对民用建筑的影响分析

6.1.1 振动控制规范限值

1. 频率限值

设备振动引起设备支撑结构的振动，振动从设备支撑结构传播到整个振源层结构体系，而振源层楼板体系的振动会引起框架的纵向及横向振动，从而使振源层的振动波传到整个建筑结构。由于设备引起的振动波及整个建筑结构体系，当部分楼板结构自振频率在设备工作频率范围附近时，就会引起楼板共振，从而使振动效应放大很多倍，使人感到不舒服和不安全。因此需将设计楼板的振动频率控制在一定限值内，以避免引起的共振响应，达到结构安全和舒适的目的。

当前，国内外已有一些规范需对楼盖结构的自振频率提出了明确的要求。比如，我国《高层建筑混凝土结构技术规程》（JGJ 3—2010）第3.7.7节规定楼盖结构的竖向振动频率不宜小于3 Hz；《混凝土结构设计规范》（GB 5010—2010）第3.4.6节规定楼盖结构的竖向自振频率验算中，住宅和公寓不宜低于5 Hz，办公楼和旅馆不宜低于4 Hz，大跨度公共建筑不宜低于3 Hz；《高层民用建筑钢结构技术规程》（JGJ 99—2015）规定组合楼板的自振频率不得小于15 Hz。韩国《组合楼板设计标准》规定楼板的自振频率不得小于15 Hz。欧洲规范，如Bachman和Ammann（1987）规定楼板自振频率不得小于9 Hz。加拿大国家建筑法规规定楼板的自振频率要大于5 Hz。此外，学者Ellingwood和Tallin认为，当楼板的跨度L和楼板的振动基频f满足限值要求时，就能保证楼板的振动舒适度要求。可见，在考虑结构振动舒适度时，各国规范和学者对楼盖结构自振频率要求还存在较大的差异，有待进一步研究。

2. 加速度限值

各个国家规范的评价标准的限值方式不尽相同，为了方便比较和使用，本书将统一各标准中量的名称，即均采用峰值加速度。各国标准的峰值加速度见表6.1。

表 6.1　各国标准的峰值加速度

各国标准	振动级 /dB	均方根加速度 / (m · s⁻²)	峰值加速度 / (m · s⁻²)
世界标准组（ISO 10137）	—	0.046	0.065
美国、加拿大（AISC/CISC 11）	—	—	0.330
世界标准组（ISO 2631/2）	77	0.090	0.126
中国（GB/T 50355）	89	0.350	0.500
中国（GB 10070）	67	0.028	0.040
中国（JGJ3）	—	—	0.050
美国（ANSI S3.29）	74	0.063	0.090
日本标准	60	0.010	0.014

3. 速度限值

由机械设备产生的振动可能引起建筑物损伤，例如粉刷层剥落、填充墙开裂等，一般不会危及建筑物的安全性。影响建筑物损伤的物理量主要有振动速度和振动频率。工程实践证明建筑物的损伤程度与峰值振动速度有很强的相关性，德国、英国等国家的标准均采用峰值振动速度作为建筑物损伤控制标准。

建筑物振动速度低于限值，通常不会发生损伤；稍微超过限值，不会危及建筑物的安全，只可能导致非结构损伤（例如产生外观裂缝），降低建筑物使用功能。建筑物可能损伤的峰值振动速度容许值可参考表6.2。

表 6.2　建筑物可能损伤的峰值振动速度容许值

序号	结构类型	峰值振动速度 / (mm·s⁻¹)		
		10 Hz 以下	10 ~ 50 Hz	50 ~ 100 Hz
1	商业或工业建筑以及类似建筑	20	20 ~ 40	40 ~ 50
2	居住建筑以及类似建筑	5	15 ~ 15	15 ~ 20
3	有保护价值或对振动特别敏感的建筑	3	3 ~ 8	8 ~ 10

6.1.2　振动源分析

1. 振动来源分析

变电站振动主要来源于变电站内部的电力设备在运转的过程中所产生的振动，变电站持续性振动源主要设备有主变压器、站用变压器、接地变压器、电抗器（串联电抗器和并联电抗器）等，其中最主要是主变压器，而集中振动荷载最大的为电抗器。

2. 主变压器振动来源

变压器的振动主要由铁芯、绕组、油箱（包括磁屏蔽等）及冷却装置的振动引起。铁芯、绕组、油箱（包括磁屏蔽等）统称为变压器本体。故变压器的振动主要来源为变压器本体及其冷却装置产生的振动。

变压器本体振动的主要来源于以下5个方面：

（1）硅钢片的磁致伸缩引起的铁芯周期性振动。

（2）硅钢片接缝处和叠片之间存在着因漏磁而产生的电磁吸引力，从而引起铁芯的振动。

（3）电流通过绕组时，在绕组间、线圈间、线匝间产生动态电磁力，引起绕组的振动。

（4）漏磁（包括磁屏蔽等）引起油箱壁的振动。

（5）对于带有气隙的铁芯变压器，还有芯柱气隙中非磁性材料垫片处的漏磁引起的铁芯振动等。

国内外研究和试验表明，变压器本体的振动主要来源于铁芯和绕组的振动；而铁芯的振动主要由硅钢片的磁致伸缩决定。铁芯及绕组的振动，通过铁芯垫脚和变压器油等传递给油箱，进而使油箱产生振动。特别地，如果铁芯及绕组机械振动的固有频率接近两倍电源频率或其倍频时，或者油箱及其附件的固有频率接近铁芯和绕组的振动频率时，变压器器身、油箱及其附件将产生谐振。

冷却装置的振动主要由冷却风扇和潜油泵运行时的振动产生。变压器的冷却方式主要有自然风冷和强迫风冷两种。在风机运转时，产生空气动力振动和机械振动。变压器振动传递途径如图6.1所示。

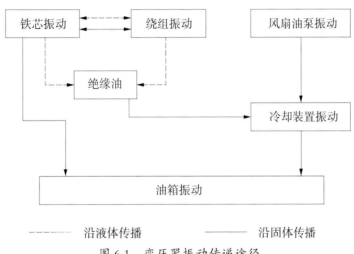

图 6.1 变压器振动传递途径

磁致伸缩引起的铁芯振动，通过铁芯垫脚和绝缘油传递至油箱，促使油箱壁产生振动；冷却装置（风扇、油泵等）的振动通过支撑传递到变压器油箱，从而引起变压器本体的振动。此外，变压器产生的振动通过变压器垫脚传至变压器支撑结构。当变压器安装于室内时，将会引起楼面、柱、墙等结构构件的微振动。

变压器的振动属于高频振动。高频波在地面基础上衰减较快。因此当变压器安装在距离居民楼较远的变电站内时，变压器产生的振动对周围居民楼的影响较微弱。但当变压器安装在办公室或居民楼内部（如高层办公楼或居民楼地下室）时，变压器的振动对上部建筑环境的影响不容忽视。

根据多次现场试验实测得出：

（1）变压器产生的振动频率主要是100 Hz及其倍频。

（2）变压器支座的振动频率主要集中在硅钢片磁滞伸缩振动基频（100 Hz）的n倍（n为整数），即100 Hz、200 Hz、300 Hz、400 Hz时，将会产生对应的n次谐振。而且每台变压器的实际生产工艺不同，很容易导致固有频率的前后波动，使固有频率落在谐振区内，造成噪声增大。

（3）安装在地下室楼板之上的多台变压器产生的振动向外传递时引起的地面振动测得的加速度幅值可以达到$0.002 \sim 0.04 \, \text{m/s}^2$，甚至达到$0.1 \, \text{m/s}^2$及以上。

SF_6气体绝缘变压器、氟碳蒸发冷却变压器构造与油浸变压器相同，振动特性同上。

6.1.3　楼板与电气设备振动分析

1. 楼板振动特性

工程中的楼板大部分为双向板。对于四边固定的双向板，一般采用一种展开成傅里叶（Fourier）级数的解法来求解楼板的振动。四边固定的矩形板的基本方程如下：

$$\frac{\partial^4 \omega}{\partial x^4} + 2\frac{\partial^4 \omega}{\partial x^2 \partial y^2} + \frac{\partial^4 \omega}{\partial y^4} - \frac{\rho h}{D}\frac{\partial^2 \omega}{\partial t^2} = 0 \tag{6.1}$$

对于固定振动，可以假设方程解为

$$\omega(y,t) = W(y)\sin(\omega t + \varphi) \tag{6.2}$$

代入式（6.1）得出矩形板基本振型方程：

$$\frac{\partial^4 W}{\partial x^4} + 2\frac{\partial^4 W}{\partial x^2 \partial y^2} + \frac{\partial^4 W}{\partial y^4} - a^4 W = 0 \tag{6.3}$$

同时，其边界条件为

$$\left.\begin{array}{l} x=0, \ x=a, \ W = \dfrac{\partial W}{\partial x} = 0 \\[2mm] y=0, \ y=b, \ W = \dfrac{\partial W}{\partial y} = 0 \end{array}\right\} \tag{6.4}$$

设满足上述全部边界条件的振型级数解为

$$W(x,y) = W_0(x,y) = \sum_{i=1}^{\infty}\sum_{j=1}^{\infty} A_{ij}\left[(-1)^i\left(\frac{x^3}{a^3} - \frac{x^2}{a^2}\right) + \left(\frac{x^3}{a^3} - 2\frac{x^2}{a^2} + \frac{x}{a}\right) - \frac{1}{i\pi}\sin\frac{i\pi x}{a}\right]\times$$
$$\left[(-1)^j\left(\frac{y^3}{b^3} - \frac{y^2}{b^2}\right) + \left(\frac{y^3}{b^3} - 2\frac{y^2}{b^2} + \frac{y}{b}\right) - \frac{1}{j\pi}\sin\frac{j\pi y}{b}\right] \tag{6.5}$$

式中，A_{ij}是待定系数，选择适当的A_{ij}间比值以满足振型方程（6.1），其方法是将振型式（6.5）代入式（6.4），并展开成双重傅里叶级数：

$$L(W_0) = \frac{\partial^4 W_0}{\partial x^4} + 2\frac{\partial^4 W_0}{\partial x^2 \partial y^2} + \frac{\partial^4 W_0}{\partial y^4} - a^4 W_0 = \sum_{i=1}^{\infty}\sum_{j=1}^{\infty} A_{ij} \sin\frac{i\pi x}{a}\sin\frac{j\pi y}{b} = 0 \tag{6.6}$$

为保证式（6.6）的成立，必须有

$$a_{ij} = \frac{4}{ab}\int_0^a \int_0^b L(W_0)\sin\frac{i\pi x}{a}\sin\frac{j\pi y}{b}\mathrm{d}x\mathrm{d}y = 0 \tag{6.7}$$

即得到关于系数A_{ij}的无穷阶齐次线代方程组：

$$
\begin{aligned}
&A_{mn}\left[\left(\frac{m^2}{b^2}-\frac{n^2}{b^2}\right)^2 - \frac{a^4}{\pi^4}\right] - \frac{4}{m^2 n^2}\left[\left(\frac{m}{a}\right)^4 + 2\left(\frac{m}{a}\right)^2\left(\frac{n}{b}\right)^2 - \frac{a^4}{\pi^4}\right]\left\{2+(-1)^n\sum_{j=1}^{\infty}A_{mj}+\right.\\
&\left[1+2(-1)^n\right]\sum_{j=1}^{\infty}(-1)^j A_{mj}\right\} - \frac{4}{m^2 n^2}\left[\left(\frac{n}{b}\right)^4 + 2\left(\frac{m}{a}\right)^2\left(\frac{n}{b}\right)^2 - \frac{a^4}{\pi^4}\right]\left\{2+(-1)^m\sum_{i=1}^{\infty}A_{in}+\right.\\
&\left[1+2(-1)^m\right]\sum_{i=1}^{\infty}(-1)^i A_{in}\right\} + \frac{16}{m^2 n^2 \pi^4}\left[2\left(\frac{m}{a}\right)^2\left(\frac{n}{b}\right)^2 - \frac{a^4}{\pi^4}\right]\sum_{i=1}^{\infty}\sum_{j=1}^{\infty}\left\{2+(-1)^i+\right.\\
&\left.(-1)^m\left[1+2(-1)^i\right]\right\}\left\{2+(-1)^i+(-1)^n\left[1+2(-1)^j\right]\right\}A_{ij} = 0\\
&\hspace{4cm}(m,\ n=1,\ 2,\ 3,\ \cdots)
\end{aligned}
\tag{6.8}
$$

当双向板厚度h=180 mm，长度a=10 m，宽度b=10 m时，取混凝土弹性模量为3.15×10^4 N/mm²，密度为2 400 kg/m³，通过上述公式可以求得其前四阶频率，如图6.2~6.5所示。

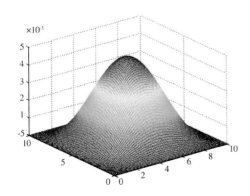

图6.2 第1阶振型频率为11.135 9 Hz

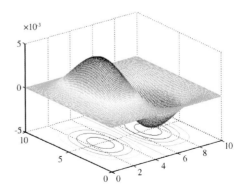

图6.3 第2阶振型频率为12.710 3 Hz

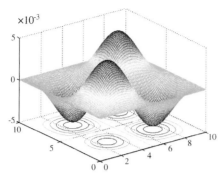

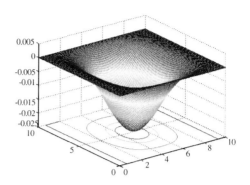

图 6.4　第 3 阶振型频率为 33.468 2 Hz　　　　图 6.5　第 4 阶振型频率为 40.922 5 Hz

2. 楼板振动有限元分析

编制ANSYS命令流进行混凝土楼板+变压器+隔震垫的模态分析，得到不同自振阶数的频率及振型。前6阶振型如图6.6~6.11所示。

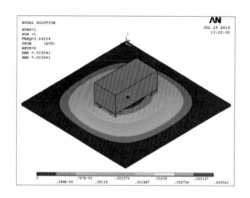

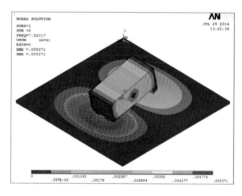

图 6.6　第 1 阶振型　　　　　　　　图 6.7　第 2 阶振型

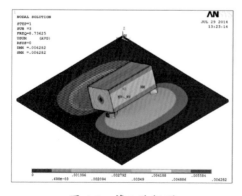

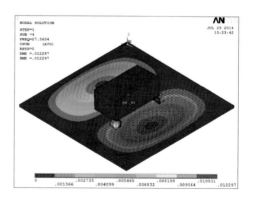

图 6.8　第 3 阶振型　　　　　　　　图 6.9　第 4 阶振型

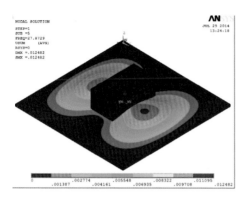
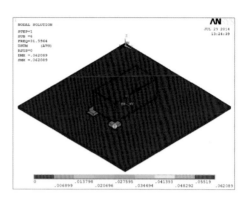

图 6.10　第 5 阶振型　　　　　　　　图 6.11　第 6 阶振型

将有限元模型板中的前 30 阶振动频率全部提取出来，以表格的形式表示，见表6.3。可以看出，混凝土楼板+变压器+隔震垫的基频第1阶频率是3.642 5 Hz，第2阶频率是7.920 2 Hz，直到第17阶（49.896 Hz）时才会很接近变压器电源的频率（50 Hz），而相对较高阶的振动振型的贡献对混凝土板影响就非常小了，基本不会产生共振现象。

表 6.3　混凝土楼板不同阶数的频率

阶数	频率 /Hz	阶数	频率 /Hz	阶数	频率 /Hz
1	3.642 5	11	37.686	21	69.392
2	7.920 2	12	41.397	22	72.377
3	8.736 3	13	46.998	23	74.606
4	27.560	14	47.002	24	80.032
5	27.873	15	47.012	25	91.081
6	31.709	16	47.066	26	93.734
7	31.818	17	49.896	27	95.700
8	31.818	18	51.092	28	101.40
9	31.982	19	56.809	29	105.77
10	37.151	20	68.017	30	106.09

3. 楼板隔振措施

（1）钢结构组合楼板的自振频率限值较高（15 Hz），比混凝土楼板结构限值（3 Hz）更接近主变压器振动的频率，不宜作为附建式变电站建筑的承载楼板。

（2）主变压器宜布置在结构楼板中央。

（3）主变压器隔振宜采用橡胶隔振垫。

（4）在满足承载能力及水平位移限制的条件下，宜选用较小刚度的隔振垫。

6.1.4　整体结构与电气设备振动分析

整体结构是指：

（1）变电站主体结构。

（2）合建建筑主体结构。

1. 有限元模型

根据附建式变电站的设计图纸，用有限元软件ANSYS对其进行建模，所得模型如图6.12和图6.13所示。

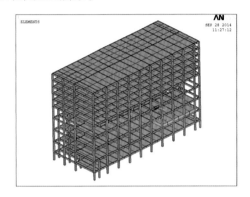

图 6.12　加变压器整体模型

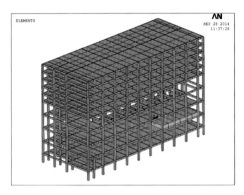

图 6.13　加隔震垫、变压器整体模型

2. 整体结构振动分析

将两个有限元模型模态分析结果中的前30阶振动频率全部提取出来，以表格的形式表示，见表6.4和表6.5。从表6.4可以看出，整体结构未加隔震垫时其基频是0.235 84 Hz，第30阶频率为2.417 7 Hz，30阶的频率均远远小于变压器和电容振动频率100 Hz，故整体结构在变压器和电容器振动影响下不会发生共振。

表 6.4　未加隔震垫的整体结构不同阶数的频率

阶数	频率 /Hz	阶数	频率 /Hz	阶数	频率 /Hz
1	0.235 84	11	1.947 0	21	2.360 8
2	0.271 20	12	1.961 7	22	2.377 3
3	0.294 82	13	1.973 0	23	2.401 3
4	1.293 8	14	1.976 6	24	2.406 4
5	1.422 2	15	1.980 4	25	2.410 4
6	1.527 9	16	1.988 9	26	2.412 8
7	1.819 1	17	1.991 9	27	2.414 4
8	1.869 1	18	1.996 0	28	2.415 2
9	1.926 3	19	2.165 0	29	2.415 7
10	1.936 8	20	2.267 7	30	2.417 7

从表6.5可以看出，整体结构加了隔震垫后其基频是0.235 84 Hz，第30阶频率为2.417 7 Hz，与未加隔震垫时相比，自振频率并没有发生改变，且都远远小于变压器和电容振动频率（100 Hz），故整体结构在变压器和电容振动影响下也不会发生共振。

表 6.5　加了隔震垫的整体结构不同阶数的频率

阶数	频率 /Hz	阶数	频率 /Hz	阶数	频率 /Hz
1	0.235 84	11	1.947 0	21	2.360 8
2	0.271 20	12	1.961 7	22	2.377 3
3	0.294 82	13	1.973 0	23	2.401 3
4	1.293 8	14	1.976 6	24	2.406 4
5	1.422 2	15	1.980 4	25	2.410 4
6	1.527 9	16	1.988 9	26	2.412 8
7	1.819 1	17	1.991 9	27	2.414 4
8	1.869 1	18	1.996 0	28	2.415 2
9	1.926 3	19	2.165 0	29	2.415 7
10	1.936 8	20	2.267 7	30	2.417 7

6.1.5　振动分析小结

通过对附建式变电站的振动响应建模，分析了隔振垫刚度对整体振动响应的影响，以及变电站在电抗器产生的很大振动荷载作用下整个体系的振动响应。分析结果表明：

（1）加了隔振垫后振动加速度和位移均得到了一定程度的减小。同时，随着高度的增大，振动响应不断减小，且减小的幅度也随着高度增大在不断减小。此时隔振垫的刚度可以满足我国规范限值0.04 m/s²的要求。

（2）随着隔震垫刚度的减小，整体结构的振动响应也逐渐减小；随着结构高度的增大，振动响应减小的幅度也在减小。因此，在选择隔振垫刚度时，尽量选择刚度小的隔振垫。

隔振垫的刚度为2.5×10^8 N/m时已经可以满足我国规范限值0.04 m/s²。因此，隔振垫的刚度选择2.5×10^7 N/m以及更小的值。

（3）电抗器与变压器同时作用下，加隔振垫（刚度为2.5×10^6 N/m）和不加隔振垫对整体结构（振动响应最大的位置）各高度处的振动响应影响均较大，加隔振垫后振动加速度大幅度减小，随着高度的增加，振动响应越来越小，减小的幅值也越来越小。但是，各楼层的振动响应最大位置的加速度幅值仍远大于规范规定的限值要求（我国规范限值为0.04 m/s²）。

改变隔振垫的刚度，结果表明随着隔振垫刚度的减小，整体结构振动加速度幅值在不断减小，同时减小的幅度也在逐渐减弱。当隔振垫的刚度为 2.5×10^4 N/m 甚至更高，结构的加速度幅值才会基本满足我国规范限值 0.04 m/s²。

综上所述，通过选取合适的隔振垫刚度，附建式变电站在仅考虑变压器作用下的振动响应时，其振动响应完全可以被控制在规定范围内。而变电站在考虑电抗器这种振动荷载较大的振动机器作用下时，仅采用隔振垫隔振难以满足规范限值要求，可通过工艺设备调整，采用SVG代替振动荷载较大的并联电抗器来解决。

6.1.6　主要结论

通过上述规范振动限值、振动源及隔振材料、楼板振动理论分析，及建立有限元模型对楼板与设备振动整体分析，可得出以下结论：

（1）变电站中的振动设备振动频率较高，不至于和建筑结构产生共振。但会引发多层楼盖的结构振动，应考虑楼板的安全性和楼面的振动舒适性。

（2）对振动源的分析表明，附建式变电站变压器振动荷载宜按下选取：

①变压器产生的振动频率主要是100 Hz及其倍频。

②变压器产生的振动加速度可为 0.002 ~ 0.04 m/s²，甚至达到0.1 m/s²及以上幅值。

（3）对于并联式电抗器，其振动荷载较大，应采用独立的基础，并可采用弹簧阻尼器进行隔震。

（4）民用建筑钢结构组合楼板的自振频率限值较高（15 Hz），比混凝土楼板结构限值（3 Hz）更接近附建式变电站振动源的频率，不宜作为附建式变电站的承载楼板。

（5）对现有国内外规范关于楼板振动相应的规范限值分析表明，楼板振动限值可按如下取值：楼板的振动加速度峰值应不超过0.014 m/s²。

（6）提出了混凝土楼板+变压器结构振动的简化理论分析模型，给出了单向板与双向楼板的自振特性以及在变压器振动荷载下的分析方法。分析表明，随着楼板刚度增大，静位移减小，但同时楼板频率增大，越接近共振状态，振动传导比增大。另外，随着阻尼的增大，楼板的振动位移逐渐减小。

（7）提出了混凝土楼板+变压器+隔震垫结构振动的简化理论分析模型，给出了典型隔震结构体系在变压器振动荷载下的分析方法。分析表明，宜采用较小隔震刚度的橡胶隔震垫。隔震垫刚度增大，可能产生体系共振，振动传导比增大。另外，当隔震垫刚度较高时，随阻尼的增大，楼板的振动位移逐渐增大。

（8）建立了楼板体系振动的有限元模型，分析了混凝土楼板、混凝土楼板+变压器以及混凝土楼板+变压器+隔震垫的自振特性及相关参数，讨论了变压器放置位置、变压器质量以及楼板尺寸等对振动频率的影响。

（9）对混凝土楼板+变压器以及混凝土楼板+变压器+隔震垫模型进行了谐激励下的频域和时域分析。结果表明，二者的结果吻合较好，方法可行。算例表明，在变压器的振动荷载（变压器加速度取值为0.02 m/s²，属于中等偏小荷载），楼板很容易产生超过规范限值的谐振加速度。由于变压器较重，宜采用橡胶隔震垫减振。对于并联式电抗器，其质量较小，宜采用弹簧阻尼器减振。

（10）进一步采用时程分析法对具有变压器和隔震垫的附建式电站结构进行了参数分析。分析表明：

①变压器放置宜放置在楼板正中央处，此处振动最小。

②楼板的厚度对楼板的动力响应影响很小。

③在变压器底部增加橡胶隔震垫可以起到减振的效果。在满足隔震垫承载能力及水平位移限制的条件下，隔震垫越软越能够起到较好的减振效果，同时隔震垫阻尼也越小越好。隔震垫刚度选择过大，可能导致楼板动力响应比原响应还大，反而起到放大振动的效果。

④在楼板底下增加立柱，可避免"鼓面效应"。但应合理选择立柱刚度，如果立柱刚度选择不恰当，很可能会引起整体结构的共振反应。

6.2 地铁振动对变电站的影响分析

6.2.1 主要振动问题

地铁列车运行将对车站结构产生振动，经由结构竖向构件传递给上方变电站，引起建筑结构振动。对变电站而言，振动除了可能破坏建筑物外，还可能影响变电站设备的正常运作以及运行人员舒适度。

1. 地铁振动对设备影响

（1）地铁正常运行而带来的变电站振动，会影响内部设备仪器的正常运行，影响对仪表指示数据读取的准确性。若振动过大，将直接影响设备仪器的使用寿命，甚至使仪器受到破坏。

（2）对某些灵敏的电器，如灵敏继电器，振动会引起其误动作，从而可能引起事故。

2. 地铁振动对运行人员的影响

振动会对变电站中工作人员产生一定的影响。对于在振动环境中工作的人来说，振动会使他们的视觉受到干扰，手的动作受到妨碍和注意力难以集中等，从而造成操作速度下降，生产效率降低，容易疲劳，甚至出现质量、安全事故。如果振动强度太大，或者长期在相当强度的振动环境下工作，人的神经系统等会受到影响甚至伤害。

6.2.2 建筑环境振动控制标准

适用于本项目的国内环境振动相关规范标准有《城市区域环境振动标准》（GB 10070—88）和《城市轨道交通引起建筑物振动与二次辐射噪声限值及其测量方法标准》（JGJ/T 170—2009）。

1. 城市区域环境振动标准

为了限制环境振动对人们日常生活、学习、休息的影响。我国于 1988 年制定了《城市区域环境振动标准》（GB 10070—1988）以及与其配套的《城市区域环境振动测量方法》（GB 10071—1988）。该标准的振动评价指标是 Z 振级，计权曲线采用的是 ISO 2631-1:1985 的推荐值，采用的频率计权范围为 1~80 Hz。该规范规定测量时读取每次列车通过过程中的最大值作为评价量。不同区域 Z 振级标准限值见表 6.6。

表 6.6　城市区域铅垂向 Z 振级标准限值

振动环境功能区类别	昼间/dB	夜间/dB	适用地带说明
特殊住宅区	65	65	特别需要安静的住宅区
居民、文教区	70	67	居民和文教、机关区
混合区、商业中心区	75	72	一般商业与居民混合区；工业、商业、少量交通与居民混合区；商业集中繁华区
工业集中区	75	72	一个城市或区域规划明确确定的工业区
交通干线道路两侧	75	72	车流量每小时 100 辆以上的道路两侧
铁路干线两侧	80	80	每日车流量不少于 20 列的铁道外轨 30 m 外两侧的住宅区

2. 城市轨道交通控制标准

适用于本项目的城市轨道交通引起建筑物振动与二次辐射噪声限值及其测量方法标准为我国2009年7月实施的《城市轨道交通引起建筑物振动与二次辐射噪声限值及其测量方法标准》（JGJ/T 170—2009），专门针对城市轨道交通列车运行给出了沿线不同建筑室内振动限值，见表6.7，其评价量为1/3 倍频程谱上中心频率处的最大振动加速度级，即分频最大振级。计权曲线采用的是 GB/T 1344.1—2007 的推荐值，计权频率为 4~200 Hz。该标准将全天划分为昼间和夜间，具体划分如下：昼间为06:00~22:00，夜间为22:00~06:00。

地铁车辆振动源特性与地铁运行工况有关，以地铁单线运行时的两个测点的测试结果为例，地铁振动特性如下：

表 6.7　JGJ/T 170—2009 规定的建筑物室内振动限值

区域	昼间 /dB	夜间 /dB
特殊住宅区	65	62
居住、文教区	65	62
居住、商业混合区，商业中心区	70	67
工业集中区	75	72
交通干线两侧	75	72

图6.14和图 6.15为地铁单线运行时的测试结果时程曲线，表6.8 为测点振动级数据。

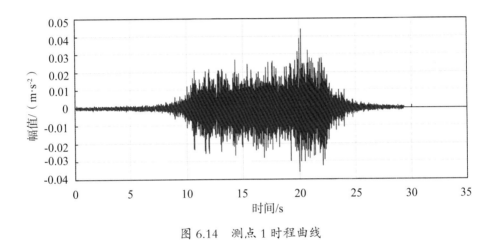

图 6.14　测点 1 时程曲线

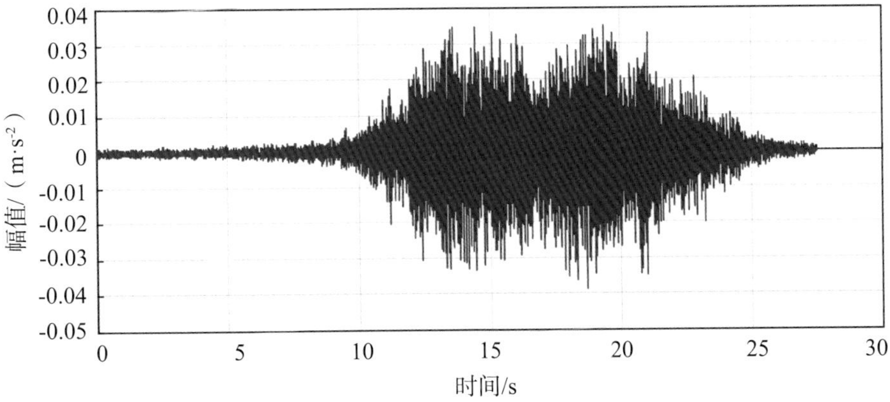

图 6.15　测点 2 时程曲线

表 6.8 地铁测点振动级测试值（VLz）

测点	测点 1		测点 2	
中心频率 /Hz	69.47	68.84	68.84	61.49
	t_1	t_2	t_1	t_2
1	20.2	18.7	31.8	22.4
1.25	17.9	19.6	30.9	21.7
1.6	21.3	20.4	31.6	20.5
2	24.3	20.3	32.0	16.6
2.5	22.8	25.5	31.9	28.0
3.15	36.1	31.2	36.2	43.7
4	53.0	35.5	53.1	50.0
5	57.6	46.4	45.9	44.4

6.2.3 变电站结构地铁振动分析

非隔振结构在测点1竖向地铁时程输入下各层振动VLz值如图6.16所示，部分楼层竖向振动加速度时程曲线如图6.17所示，各楼层振动值1/3倍频程中心频率如图6.18所示。非隔振结构各楼层竖向振动为 71.5 ~ 76.5 dB，振动均值为 73.3 dB；根据 1/3 倍频程数据可知，在高频区段部分楼层振动超出规范限值。

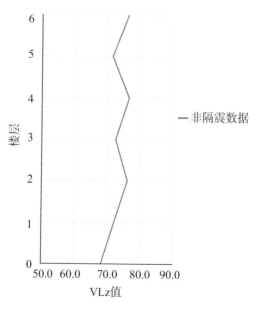

图 6.16 各楼层振动 VLz 值

2 层竖向振动加速度时程

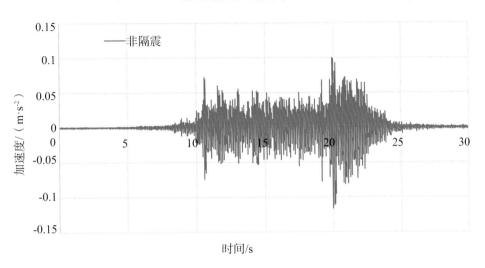

4 层竖向振动加速度时程

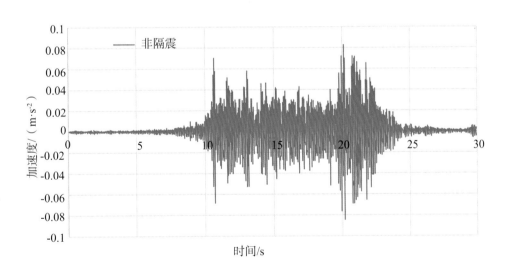

图 6.17　部分楼层竖向振动加速度时程曲线

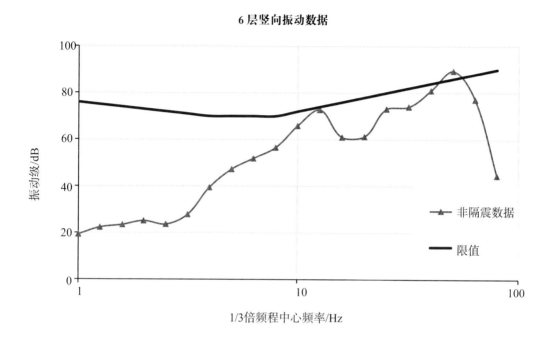

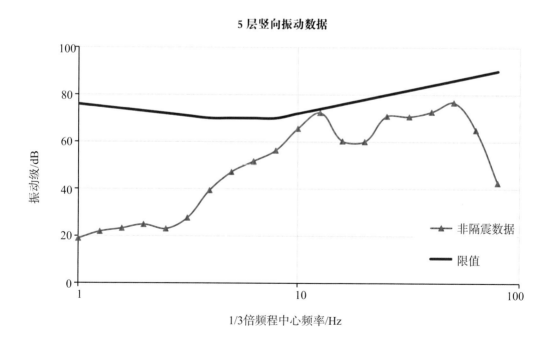

图 6.18　部分楼层 1/3 倍频程中心频率

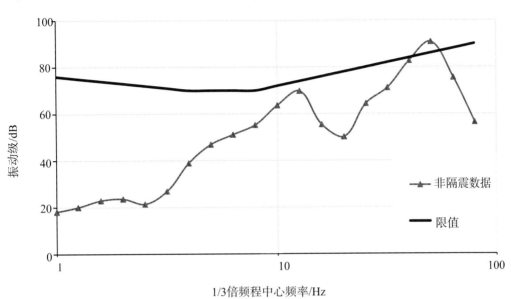

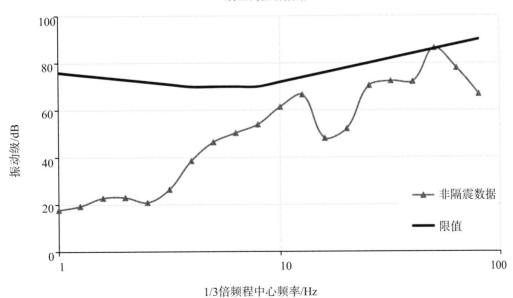

续图 6.18

6.2.4 变电站设备地铁振动分析

非隔振结构在测点1单线单车竖向地铁时程输入下设备竖向振动加速度时程曲线如图6.19所示，设备 1/3 倍频程中心频率如图6.20所示，设备竖向振动速度时程曲线如图6.21所示。设备#1 竖向振动 VLz 值为 81.3 dB；根据 1/3 倍频程数据可知，在高频区段部分楼层振动超出规范限值。

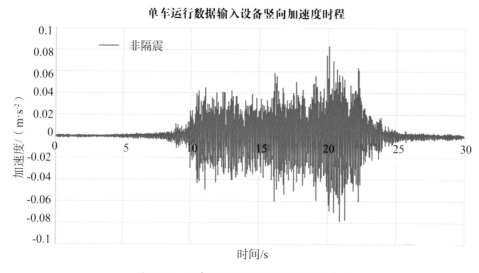

图 6.19　设备竖向振动加速度时程曲线

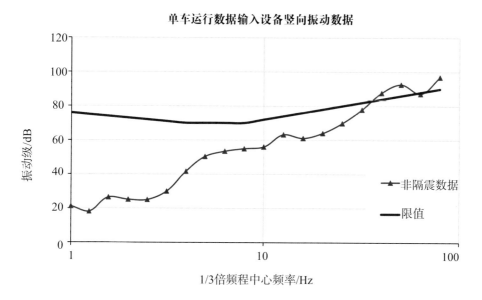

图 6.20　设备 1/3 倍频程中心频率

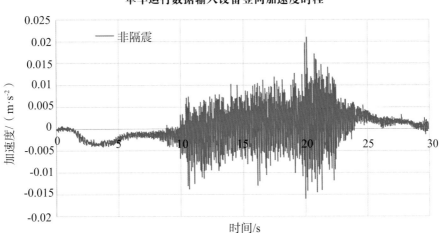

图 6.21 设备竖向振动速度时程曲线

6.2.5 三维隔振结构地铁振动对比分析

隔振结构及非隔振结构在测点1竖向地铁时程输入下，各楼层振动数据如图 6.22所示，部分楼层竖向振动加速度时程曲线如图6.23所示，部分楼层竖向振动值1/3 倍频程中心频率如图6.24所示。隔振结构各楼层竖向振动为 66.3～69.6 dB，振动均值为 68.2 dB，相比原结构减少了 16.3 dB。

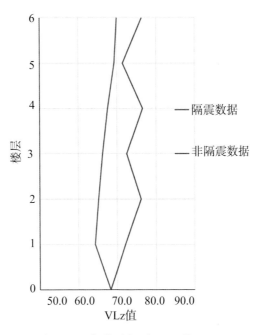

图 6.22 各楼层振动 VLz 值

2 层竖向加速度时程

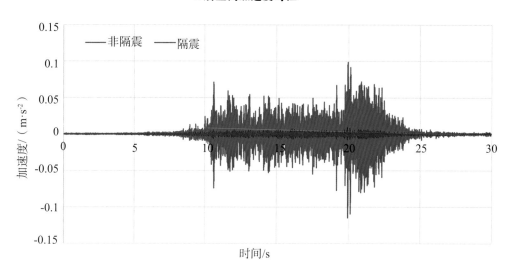

4 层竖向加速度时程

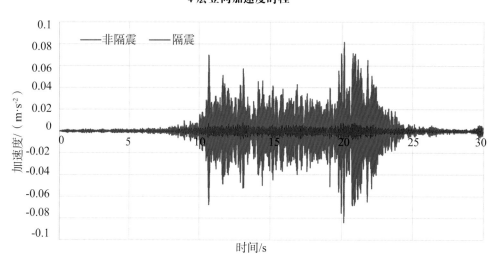

图 6.23　部分楼层竖向振动加速度时程曲线

6 层竖向振动数据

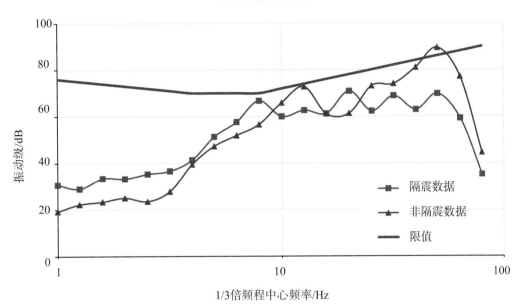

5 层竖向振动数据

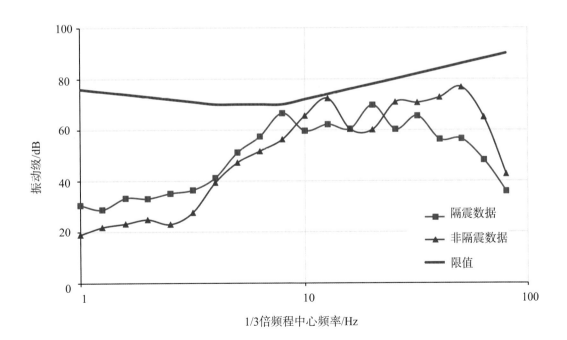

图 6.24 部分楼层竖向振动 1/3 倍频程中心频率

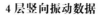

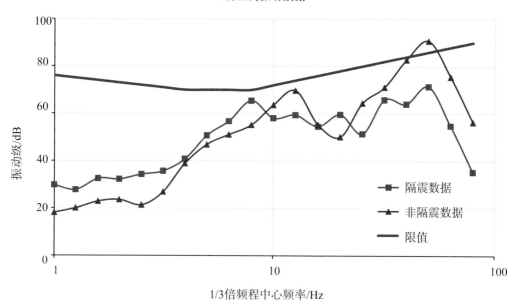

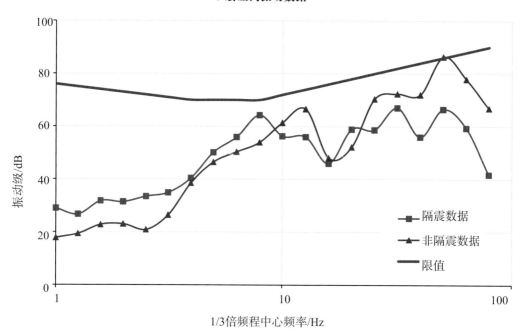

续图 6.24

6.2.6　三维隔振设备地铁振动对比分析

隔振结构在测点1单线单车竖向地铁时程输入下，设备竖向振动加速度时程曲线如图6.25所示，设备竖向振动1/3倍频程中心频率如图6.26所示，设备竖向振动速度时程曲线如图6.27所示。设备竖向振动VLz值为66.3 dB；相比于非隔振结构减小15.2 dB。

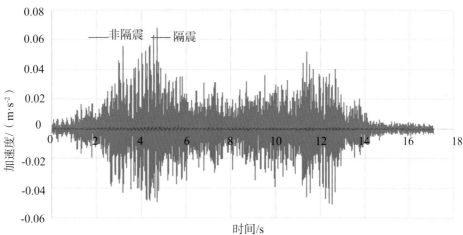

图 6.25　设备竖向振动加速度时程曲线

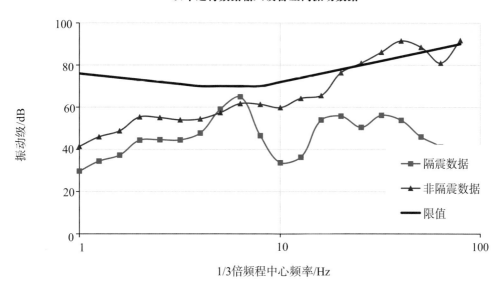

图 6.26　设备竖向振动 1/3 倍频程中心频率

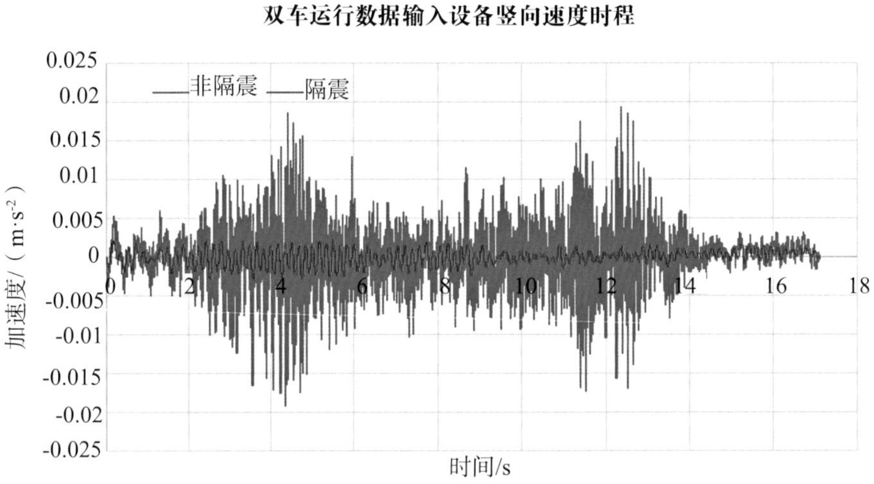

双车运行数据输入设备竖向速度时程

图 6.27 设备竖向振动速度时程曲线

6.2.7 主要结论

地铁车站上盖变电站，地铁运行时的振动对结构变电站具有较大的影响。一方面为了降低地铁振动对本工程影响，另一方面为了提高结构地震安全性，对本工程进行三维隔振设计。通过设计、分析及计算，得到结论如下：

本工程实测地铁单车、双车运行时，竖向振动加速度级为 68.8～82.4 dB，振动主频为 20～100 Hz，变压器基础与二楼高压室振动频率为 100 Hz 的倍数。

对变电站结构与设备进行实测地铁振动时程分析计算。通过上部结构的竖向加速度响应分析得到，地铁引起的建筑物与设备振动显著，各条地铁时程作用下变电站各楼层竖向振动均值为 73.3～88.4 dB；设备#1 竖向振动为 81.3～82.7 dB，加速度峰值为 0.066～0.089 m/s²，速度峰值为 0.019～0.024 cm/s，根据 1/3 倍频程数据可知，在高频区段部分楼层与设备振动超出《城市轨道交通引起的建筑物振动与二次辐射噪声限值及其振动方法标准》（JGJ/T 170—2009）、《220～750 kV 变电所设计技术规程》（DL/T 5218—2012）规范限值。

综合考虑地铁振动对变电站与设备带来的影响，对地铁车站建筑的频率进行了调查统计，分析了地铁振动对邻近结构振动的影响，提出了三维隔振的技术方案，拟采用三维隔振支座 48 套 RB—3D800 和 9 套 RB—3D900。

对三维隔振结构进行实测地铁振动时程分析计算。通过对上部结构的竖向加速度响应分析得到，地铁引起的建筑物振动被有效隔离，各条地铁时程作用下隔振结构各楼层竖向振动均值为 67.1～70 dB，相比原结构减少了 7.1～18.4 dB；实测地铁振动作用下，隔震结构设备竖向振动 VLz 值为 66.3～71.2 dB，与原结构相比减弱了 10.1～15.3 dB，加速度峰值为 0.001～0.006 m/s²，与原结构相比减弱了 0.065～0.085 m/s²，速度峰值为 0.002～0.006 cm/s，与原结构相比减弱了 0.015～0.019 cm/s；结构在地铁振动作用下振动主频为 5～10 Hz，变压器振动频率为 100 Hz 的倍数，楼板振动不会造成设备共振，结构与设备振动满足《城市轨道交通引起的建筑物振动与二次辐射噪声限值及其振动方法标准》（JGJ/T 170—2009）、《220～750 kV 变电所设计技术规程》（DL/T 5218—2012）。

第7章 结论与思考

7.1 主要结论

变电站属于工业建筑。如何解决工业建筑与民用建筑组合建设的问题，需要继续深入探讨和研究。其中，消防设计是二者组合建设的关键问题，对各种类型的附建式变电站的消防设计总结如下。

7.1.1 嵌入附建式变电站

（1）嵌入附建式变电站视为合建建筑的附属部分，火灾危险性分类属于丁类，防火设计按丙类工业厂房设计，所有设备房间均应设置自动灭火设施。

（2）耐火等级按一级设计。

（3）合建建筑与变电站顶层宜设架空层隔离。

（4）变电站设计应执行《建筑设计防火规范》（GB 50016）和《火力发电厂与变电站设计防火标准》（GB 50229）。

7.1.2 贴邻附建式变电站

1. 贴邻附建式变电站所贴的合建建筑高度大于等于100 m时

按嵌入附建式变电站规则执行。

2. 贴邻附建式变电站所贴的合建建筑高度小于100 m时

（1）贴邻附建式变电站属组合建筑的裙房部分，变电站采用常规设备，火灾危险性分类属于丙类，防火设计按丙类工业厂房设计。

（2）耐火等级按《火力发电厂与变电站设计防火标准》（GB 50229）规定设计。

（3）变电站设计应执行《建筑设计防火规范》（GB 50016）和《火力发电厂与变电站设计防火标准》（GB 50229）。

7.1.3 下沉附建式变电站

（1）下沉附建式变电站根据变电站所采用设备的火灾危险性分类进行防火设计。

（2）耐火等级按《火力发电厂与变电站设计防火标准》（GB 50229）规定设计。

（3）变电站设计应执行《建筑设计防火规范》（GB 50016）和《火力发电厂与变电站设计防火标准》（GB 50229）。

7.1.4 上盖附建式变电站

变电站与合建建筑均为上下空间位置关系，在二者上下之间应满足不小于3 m的覆土要求。

（1）变电站采用常规设备，火灾危险性分类属于丙类，防火设计按丙类工业厂房设计。

（2）耐火等级按《火力发电厂与变电站设计防火标准》（GB 50229）规定设计。

（3）变电站设计应执行《建筑设计防火规范》（GB 50016）和《火力发电厂与变电站设计防火标准》（GB 50229）。

（4）若合建建筑为地铁站厅，则应设置结构转换层，宜采用三维隔振措施。

7.1.5　消防报警

全站设置独立的火灾自动报警系统，变电站火灾报警主机采用三重报警方式，将变电站火灾报警信号分别送至供电局消防控制中心、合建建筑消防控制中心；变电站火灾报警主机同步接收合建建筑的火灾报警信号，并将信号送至供电局消防控制中心。

7.1.6　电气设备与变电站、合建建筑的振动设计

1. 隔振设计

变电站电磁设备为激振源，如主变压器、电抗器等，其激振频率一般为电源频率的2倍，大小为100 Hz及其倍数。

为避免电气设备与建筑结构产生共振，通过建立ABAQUS有限元分析模型，应校核：

（1）主变压器与变压器室楼板的共振频率。

（2）主变压器与变电站主体结构的共振频率。

（3）主变压器与合建建筑主体结构的共振频率。

2. 隔振构造措施

（1）自锁螺栓，应用于10 kV开关柜、二次屏柜等。

（2）弹簧隔振装置，应用于自重较小的设备，如电抗器等。

（3）橡胶垫隔振装置，应用于自重较大的设备，如主变压器。

7.2　下一步工作

随着深圳市附建式变电站越来越多，为规范设计，深圳市正在制定《附建式变电站设计防火标准》，不久将会颁布实施。

参 考 文 献

[1] 中华人民共和国住房和城乡建设部，中华人民共和国国家质量监督检验检疫总局. 建筑设计防火规范：GB 50016—2014[S]. 北京：中国计划出版社，2014.

[2] 中华人民共和国住房和城乡建设部，国家市场监督管理总局. 火力发电厂与变电站设计防火标准：GB 50229—2019[S]. 北京：中国计划出版社，2019.

[3] 深圳市电力行业协会. 深圳220/20 kV附建式变电站设计技术标准：T/SDL 001—2020[S]. 深圳：深圳市电力行业协会，2020.

[4] 国家能源局. 35 kV~220 kV无人值班变电站设计技术规程：DL/T 5103—2012[S]. 北京：中国计划出版社，2012.

[5] 中华人民共和国住房和城乡建设部，中华人民共和国国家质量监督检验检疫总局. 建筑防烟排烟系统技术标准：GB 51251—2017[S]. 北京：中国计划出版社，2018.

[6] 国家能源局. 发电厂供暖通风与空气调节设计规范：DL/T 5035—2016[S]. 北京：中国计划出版社，2016.

[7] 夏泉. 城市户内变电站设计[M]. 北京：中国电力出版社，2016.

[8] 范明豪，李伟，汪书苹，等. 变电站火灾风险分析与评估[M]. 北京：中国电力出版社，2013.

[9] 佚名. 深圳附建式变电站设计技术标准专项研究——振动专项[Z]. 重庆：重庆大学，2015.

[10] 许浩，付传波，程颖，等. 深圳汇云中心红树湾二变电站项目三维隔震减振分析报告[R]. 上海：上海大学，2017.